Osprey New Vanguard
オスプレイ・ミリタリー・シリーズ

「世界の軍艦イラストレイテッド」
4

ドイツ海軍の重巡洋艦 1939-1945

[著]
ゴードン・ウィリアムソン
[カラー・イラスト]
イアン・パルマー
[訳]
手島 尚

German Heavy Cruisers 1939-45

Text by
Gordon Williamson
Colour Plates by
Ian Palmer

大日本絵画

目次 contents

3	前書き INTRODUCTION
5	重巡洋艦 THE HEAVY CRUISER
9	重巡洋艦アトミラール・ヒッパー SCHWERE KREUZER ADMIRAL HIPPER
22	重巡洋艦ブリュッヒャー SCHWERE KREUZER BLÜCHER
36	重巡洋艦プリンツ・オイゲン SCHWERE KREUZER PRINZ EUGEN
45	重巡洋艦ザイドリッツ SCHWERE KREUZER SEYDLITZ
46	重巡洋艦リュッツォウ SCHWERE KREUZER LÜTZOW
25	カラー・イラスト colour plates
47	カラー・イラスト　解説 colour plate commentary

◎著者紹介
ゴードン・ウィリアムソン　Gordon Williamson
1951年生まれ。現在はスコットランド土地登記所に勤務している。彼は7年間にわたり憲兵隊予備部隊に所属し、ドイツ第三帝国の勲章と受勲者についての著作をいくつか刊行し、雑誌記事も発表している。彼はオスプレイ社の第二次世界大戦に関する刊行物のいくつかの著作を担当している。

イアン・パルマー　Ian Palmer
3Dデザインの学校を卒業し、多くの出版物のイラストを担当してきた経験の高いデジタル・アーティスト。その範囲はジェームズ・ボンドのアストン・マーチンのモデリングから月面着陸の場面の再現にまでわたっている。彼と夫人は猫3匹と共にロンドンで暮らし、制作活動を続けている。

ドイツ海軍の重巡洋艦 1939-1945
German Heavy Cruisers 1939-45

INTRODUCTION
前書き

1919年4月、ドイツ政府はドイツ海軍（Reichsmarine）という名称の新しい海軍——帝政時代のドイツ帝国海軍に代わる組織——の創設を規定する法律を制定した。前年11月の第一次世界大戦終結と共に、ドイツ帝国海軍の大洋艦隊は連合軍命令によりスカパ・フローの英国海軍の泊地に入っていたが、6月21日、ヴェルサイユ条約の最終的な条件を知った後、ドイツの指揮官たちは艦隊司令官フォン＝ロイター少将から全艦自沈を命じられた。彼らの艦艇を連合国に引き渡すのを拒否するためである。連合国はスカパ・フローでの大洋艦隊自沈に怒り立ち、報復のために、ドイツ側の手に残っていた艦艇の大半を拿捕した。このため、この時代の最も新型で強力な艦を並べて強大な兵力を誇ったドイ

ドイツ海軍の重巡洋艦の艦名の源となった英雄たち。左から右への順に、フランツ・フォン＝ヒッパー、ブリュッヒャー・フォン＝ヴァールシュタット、プリンツ・オイゲン＝フォン＝ザヴォイエン。その下は3隻の重巡の乗組員の水兵帽のリボン。実物を撮影した写真である。

ツ艦隊は、軽巡洋艦と旧式な前ドレッドノート級戦艦の寄せ集めに変わってしまった。

1919年6月28日にドイツが調印したヴェルサイユ条約によって、ドイツが保有を許される軍艦は、サイズと隻数の上で、厳しい制限を受けた。

ドイツの海軍の兵力は旧式な前ドレッドノート級（前ド級）戦艦6隻、軽巡洋艦6隻、駆逐艦12隻、水雷艇12隻に制限された。潜水艦の保有は許されなかった。海軍の人員は合計15,000名、そのうちの士官は1,500名のみに制限された。1921年3月21日に国会を通過した国軍法には、予備艦として前ド級戦艦2隻と軽巡洋艦2隻を加えることが明記された。

ヴェルサイユ条約の条項は、隻数の増加はもちろん認めず、代替艦の建造も在籍艦の艦齢が最低20年に達しなければ認めていなかった。しかし、1923年までには現役の艦は戦艦2隻、ハノーヴァーとブラウンシュヴァイクのみ、軽巡洋艦5隻、水雷艇若干になっていた。人員と軍艦建造の制限を受け、それと同時に元の敵国に対する賠償のための破滅的な経済的負担を国全体が背負っており、ドイツ海軍の将来の見通しは暗かった。しかし、最も優れた、そして最新型の艦艇の大半を失った彼らは、今や最新の技術を使って新艦を建造し、艦隊を再建することができる立場に置かれていた。こうして、規模は大きくはなかったが、新しいドイツ海軍は第二次大戦が始まる時までに、世界で最新型の艦艇を多数保有する状態に進んだ。

1929年から翌年にかけて、"K"クラスの新型巡洋艦3隻、ケーニヒスベルク、ケルン、カールスルーエが就役し、1931年には軽巡ライプツィヒも艦隊に加わった。しかし、この時点では、まだ大型艦の建造には進んでいなかった。1922年2月に調印されたワシントン海軍条約では、軍拡競争を抑えるために軍艦建造についての制限が合意された。主要国はすべて条約に調印したが、ドイツは会議への参加を求められなかった。しかし、ドイツがこの条約に従わなければならないことは明らかだった。

この条約では軍艦は2つのカテゴリーに分類された。口径20cm以上の砲を装備した主力艦と、それ以下の口径の砲を装備した小型艦であり、後者の排水量は11,900メー

ヴェザーユーブング作戦に動員され、ノルウェーに向かう山岳兵部隊の兵士たち。航行中のアトミラール・ヒッパーの前甲板でくつろいでいる。20.3cm砲を装備したアトミラール・ヒッパーの主砲塔の前では屈強な山岳兵たちも小さく見える。

波の荒い海面を航走しているアトミラール・ヒッパー。画面の下部に見える2門の砲身は3軸安定砲架に装備された10.5cm連装重高角砲である。

ル・トン（10,000英トン）以内と規定された。ドイツ海軍は、後者のカテゴリーによって新しいタイプの比較的強力な艦を創り上げるチャンスがあると目をつけた。そして、ドイツ人は創意工夫の能力を発揮して、"あいの子"の方式を創り出した。排水量はワシントン条約の制限に収まり（実質的に大型巡洋艦）、それでありながら主力艦のレベルの口径の砲を装備した艦、"パンツァーシップ"（Panzerschiff＝装甲艦、通称ポケット戦艦）を創り出し、1929～1932年に3隻を起工した（各艦の開発と戦歴については本シリーズ第2巻『ドイツ海軍のポケット戦艦 1939-1945』を参照のこと）。

　1930年4月に調印されたロンドン海軍条約は、巡洋艦を2つのクラス、重巡洋艦と軽巡洋艦に類別することを規定した。2つのクラスの巡洋艦の排水量の上限はいずれも、ワシントン条約で規定された10,000トンであり、新たな規定は排水量による区分ではなく、武装による区分だった。軽巡洋艦の主砲は口径15.5cm（6.1インチ）を上限とし、重巡洋艦は20.3cm（8インチ）を上限とされた。しかし、ドイツ海軍は条約と法律によって巡洋艦の兵力の上限を軽巡6隻と制限され、重巡についての法規は定められていなかった。

　1935年6月に英国・ドイツ海軍協定が調印され、この状況は一変した。それまでの制限は放棄され、ドイツ海軍の合計兵力は英国海軍の35パーセントを上限とするという新しい制限が設けられて、個々の艦種ごとの隻数の制約はなくなった。この協定によってドイツ海軍は実質上、ロンドン海軍条約の規定に適合する重巡洋艦5隻——合計排水量は50,000トンをやや越える——の建造を計画することが可能になった。そして、1935年7月にはその1号艦——進水の時にアトミラール・ヒッパーと命名された——がハンブルクで起工された。

THE HEAVY CRUISER

重巡洋艦

主砲
Firepower

　アトミラール・ヒッパー級に装備された20.3cm砲は、ロンドン海軍条約で許容されている最大の砲だった。この砲は二連装砲塔4基に装備され、砲塔は通常のパターン通り前部と後部に2基ずつ配置された。ドイツ海軍は4基の砲塔各々にA～Dを頭文字とした

人名の呼称をつけた。艦種から艦尾に向かって順番に"アントーン（Anton）"、"ブルーノ（Bruno）"、"ツェーザル（Caesar）"、"ドーラ（Dora）"である。

　20.3cm砲の砲口初速は925m/秒、砲弾の重量は122kg、射程は弾道によって異なるが、最大30,000mである。砲1門の重量は砲尾の機構も含めて21トン前後だった。速射性が高く、理論的には最大発射速度は毎分4発であり、高重量弾発射火砲としては優れた性能といえる。この砲の砲弾には3種のタイプがあった。TNT装填量で2.3kgの徹甲弾と、TNTの量が8.9kgと、それよりやや少ない6.5kgの2種の高爆発力弾である。砲身の耐用度は発射600回前後と推測され、それ以後は交換が必要とされていた。3種の砲弾の搭載数は同じで、合計はだいたい960発だった。しかし、戦時には主砲弾の搭載数は1,400発を超すことも可能だった。

10.5cm高角砲

　重巡洋艦に装備された10.5cm連装高角砲はビスマルク級とシャルンホルスト級の戦艦、ドイッチュラント級ポケット戦艦に装備されたものと同じ型の兵器であり、三軸安定砲架が大きな特徴だった。砲口初速は900m/秒、砲弾重量は15.1kg、水上目標に対する射程は17,700m、空中目標に対しては12,500mだった。砲身の耐用度は発射2,950発前後である。砲弾搭載量は約6,500発、そのうちの曳痕弾は240発程度だった。

3.7cm高角機関砲

　重巡洋艦の副次的な対空火器は、ドイツの大型艦の大部分と同じく、3.7cm連装機関砲だった。この兵器は0.74kgの砲弾を砲口初速1,000m/秒で発射し、射程は水上目標の場合は8,500m、空中目標の場合は7,500mである。実際的な発射速度は毎分80発前後だったが、理論上はその2倍の弾数発射可能とされていた。各艦の3.7cm機関砲の装備基数は変更が可能であり、大戦中の時期によって変化していた。弾薬の搭載量は機関砲1門当たり4,000発程度だった。

2cm高角機関砲

　この大量に製造された兵器はUボートから戦艦まで、すべてのタイプの艦艇に装備されており、装備方式は単装、連装、四連装にわたっていた。2cm高角機関砲は重量39.5gの弾丸を砲口初速835m/秒で発射し、射程は水上目標の場合は4,900m、空中目標の場合は3,700mだった。砲1門当たりの発射速度は最大で毎分280発とされていたが、通常は120発前後の発射速度で使用された。したがって、四連装の場合、通常は少なくとも毎分480発、時には毎分800発近くを発射したので、四連装数基を装備した艦は低高度で接近してくる敵機に雨霰のように砲弾を浴びせることができた。砲弾のストックは砲1門当たり約3,000発だった。

　大戦の後期に大半のドイツ艦艇の対空火器装備は目立って強化された。限られた数ではあったが、40mmボフォース高角機関砲もドイツの

アトミラール・ヒッパーの高角砲砲員たち。温かそうな服装とサン・ゴーグルの組み合わせから考えて、陽差しの強い冬の朝だと思われる。カポックが詰められている救命胴衣がいくつも手摺に掛けられている。

4基の三連装魚雷発射管のうちの1基。操作要員防護のための密閉外郭が取りつけられている。艦載機、アラド水上偵察機が艦に収容されるために舷側に接近し、後席乗員がコクピットから立ち上がってクレーンの吊り上げフックを機体に留めようとしている。

艦艇（これも小型のEボートから主力艦までにわたって）に装備された。プリンツ・オイゲンはこの火器を数基装備していたことが知られている。この機関砲は0.96kgの砲弾を砲口初速854m/秒で発射し、射程は最大7,000mに達した。

魚雷

重巡各艦は魚雷発射管三連装旋回装架を両舷に2基ずつ、合計4基装備していた。魚雷は直径53.3cm、重量1.5トン強、最高速度44ノット（81km/h）のG7aであった。12本の魚雷が発射管に装填され、さらに予備12本が搭載されていた。

レーダー
Radar

ドイツ海軍は軍用レーダー・システムの開発の先頭に立っていた。Nachrichten Versuchsabteilung（NSV＝通信実験部）は早くも1929年に、水中目標を探知するソナーのタイプのシステムの開発を開始した。このシステムの原理を海面上でも働かせ、1933年には13.5cmの波長の短い輻射電波のエコーを捉える原始的なシステムを開発した。1934年には新たな組織、Gesellschaft für Elektroakustische und Mechanische Apparate（GEMA＝電気音響学機械装置協会）が、この分野の技術開発を進めるために設置された。これらの2つの組織は効果的な電波探知装置を創り出そうとして、たがいに競い合った。1935年9月、海軍最高司令官レーダー提督臨席の下に波長48cm（630MHz）の装置がテストされ、練習艦ブレムセ（いささか大型の艦だったが）を目標として着実な結果を出した。

この装置はその後、一時、ヴェーレに装備され、この小型で目立たない艦はドイツ海軍で最初に実機能を持つレーダーを装備することになった。この装置は機能を高めるために何度も改造された末、波長は82cm（368MHz）に落ち着き、これが海軍のレーダー装置全部の標準となった。この時期から1945年にかけて製造されたドイツ海軍のレー

ダー装置の大半は、GEMAが有名な企業、テレフンケン、ジーメンス、ロレンツ、AEGの協力の下に開発したものである。

ドイツ海軍のレーダーの型式呼称は驚くほど複雑に構成されていた。これは敵の情報収集活動を混乱させるために、そのようにした場合もあった。たとえば、初期の装置は本当の用途をごまかすために De Te（Dezimeter-Telegraphie＝デシメートル通信）と呼ばれた。

初期の実用レーダーにはFMG（Funkmess-Gerät＝レーダー装置）という呼称がつけられ、その後ろに製造年度、製造会社、周波数コード、艦上での装備位置を示す暗号のような文字や数字が並んでいた。アトミラール・グラーフ・シュペーに最初に装備された型の呼称、FMG 39G（gO）の意味は次の通りである。FMG──レーダー装置、39──1939年、G──GEMA、g──周波数335～430MHzのコード、O──装備位置が前檣楼の測距儀の上であることを示す文字。

レーダーの技術的な開発が進むと、もっと多くの種別、分類の呼称や番号が組み込まれ、型式呼称の仕組みはいっそう複雑になった。たとえば FuSE 80 Freyaの意味は次の通りである。Fu──Funkmess：レーダー装置、S──製造会社：ジーメンス、E──Erkennung：捜査または偵察レーダー、80──開発番号、Freya──装備のコード名。

幸いなことに、1943年に単純化された型式呼称システムが新たに導入された。海軍が使用した装置の中で、アクティヴ捜査レーダーには FuMO（Funkmess-Ortung＝方向測定レーダー）、パッシヴ探知レーダーには FuMB（Funkmess-Beobachtung＝監視レーダー）の類別呼称がつけられ、この呼称の後には特定のコード番号がつけられた。重巡洋艦に装備された型の大部分は FuMO 25、FuMO 26、FuMO 27、FuMB 4である。

射撃指揮管制
Fire control

"アントーン"砲塔

重巡各艦の前部主砲砲塔は、前檣楼頂部の電動回転架構に装備された7m光学測距儀によって管制されていた。それに加えて、"ブルーノ"砲塔のすぐ後方、主上部構造物の

アトミラール・ヒッパーの艦橋から艦尾の方を見下ろした写真である。様々な装備の詳細が写っている。煙突にはキャップがついていないので、早い時期の撮影だと思われる。メインマストのすぐ前にはカタパルトが見える。画面の左下には10.5cm連装高角砲の砲身と内火艇のうちの1隻が写っている。メインマストの左右の半球状のものは、重高角砲を管制する測距儀の外郭構造である。

前の方の部分にある前部主射撃指揮所の上に6m測距儀が装備されていた。

"ブルーノ"砲塔

第2主砲塔は前部主射撃指揮所からの管制も受けていたが、この砲塔自体にも7m測距儀が装備され、外郭の両端が砲塔後部の左右に突き出ていた。

"ツェーザル"砲塔

第3主砲塔は後部主射撃指揮所によって管制されていたが、砲塔自体に7m測距儀が装備されていた。

"ドーラ"砲塔

最も後方の位置にある第4主砲塔は後部主射撃指揮所によって管制されていた。"アントーン"砲塔と同じく、この砲塔自体には測距儀は装備されていなかった。

高角砲

重高角砲、10.5cm砲連装砲塔の主射撃指揮のために4m測距儀4基が装備されていた。前檣楼とメインマストの左右、合計4基の球状の構造物に測距儀が装備され、そこから甲板より下の戦闘指揮所にデータが送られていた。

SCHWERE KREUZER ADMIRAL HIPPER
重巡洋艦アドミラール・ヒッパー

艦名
The name

このドイツ海軍の新しく、そして強力な重巡洋艦の最初の艦の艦名は、フランツ・リッター=フォン=ヒッパー提督(1863〜1932)にちなんで命名された。ヒッパーは1881年にドイツ帝国海軍に入り、1884年に中尉の階級で士官に任官した。彼はだんだんに上の階級に昇進し、サイズの大小が異なる多くの艦種での経験を重ね、1912年12月には少将に昇進した。彼は巡洋戦艦戦隊を巧みに指揮し、殊に1916年のユトランド海戦での活躍は見事だった。この功績に対して彼は中将への昇進とバヴァリア王国のナイト爵位を授けられた。1918年には大将に昇進し、ついに大洋艦隊司令長官に任じられた。彼は無事に

プリンツ・オイゲンの艦載機、アラドAr196水上偵察機。クレーンで吊り上げて艦内に収容する作業中の場面。艦の格納庫に収納するためにすでに主翼は折り畳まれている。

第一次大戦終結を迎え、引退生活を過ごした後、1932年5月25日に68歳で病没した。

盾形紋章
Armorial crest

艦首の正面上部にヒッパー家の紋章——盾形の中に3つの冠が縦一列に並び、それに重ねて盾の中央に縦1本の柱が飾られている図柄——が取りつけられていたが、第二次大戦勃発のすぐ前に取り外された。

■アトミラール・ヒッパーの要目

全長	202.8m
全幅	21.3m
吃水	7.74m
最大排水量	18,600トン
燃料油搭載量	3,050トン
最大速度	32ノット（59km/h）
航続力	6,800浬（12590km）
主砲	20.3cm砲8門（連装砲塔4基）
副砲	10.5cm砲12門（連装砲塔6基）
高角砲	3.7cm機関砲12門（連装砲座6基）
	2cm機関砲8門（単装砲座）
魚雷	53.3cm魚雷発射管12基（三連装装架4基）
艦載機	アラドAr196水上偵察機3機
乗組員	士官50名、下士官兵1,500名

艦長

ヘルムート・ハイエ大佐　1939年4月〜1940年9月
ヴィルヘルム・マイゼル大佐　1940年9月〜1942年11月
ハンス・ハルトマン大佐　1942年11月〜1943年2月
ハンス・ヘニクスト大佐　1944年3月〜1945年5月

左舷の側、斜め前からカメラが捉えたアトミラール・ヒッパーの姿。就役後、早い時期の状態を示している。舷側に半ば吊り下ろされた防舷木材に白い服の水兵が立ち、防材にはこの艦のカッターの1隻が繋がれている。

改造後のアトミラール・ヒッパー。吹き曝し状態だった艦橋にはガラス窓つきの鋼板外周壁が取りつけられ、艦首は垂直型からクリッパー型に変わった。煙突には斜め後方に切れ下がったキャップが取りつけられ、前檣楼頂部の測距儀の前にはFuMO "マットレス" 型レーダー・アンテナが装備されている（この写真ではカバーで覆われている）。

全般的な構造のデータ
General construction date

　アトミラール・ヒッパーの主甲板は部分的な装甲——厚みは12mmから25mm——によって防護されていた。その一段下の装甲甲板の装甲の厚みは約30mmだった。船体の主防護ベルト——通称 "ツィタデレ"（城塞）——の側面装甲は厚さ80mmであり、艦首に向かって40mm、艦尾に向かって70mmまで厚さが薄くなっていた。主砲砲塔の装甲壁は厚さ70mm、前面の装甲は160mm、後面の装甲は "アントーンと" "ドーラ" が90mm、"ブルーノ" と "ツェーザル" が60mmだった。

改造
Modifications

　竣工した時、アトミラール・ヒッパーの艦首は垂直型であり、煙突頂部にはキャップはなかった。艦首の正面上部には盾形紋章が飾られていた。就役からまだ7カ月後の1939年11月に改造が始まり、垂直に切り立った型だった艦首は "クリッパー型" に変えられ、煙突には斜め後方に切れ下がっているキャップが取りつけられた。盾型紋章は艦首正面に飾られていた1枚に代わって、艦首両舷の上部に1枚ずつ飾られることになった。しかし、実際には、盾を飾るポイントが取りつけれただけで終わったようである。大戦勃発と共に、そのような飾りや艦番号の類は取り外されたり、塗り消されたりしてしまった。

　大戦が始まった後、アトミラール・ヒッパーが受けた目立った改造は、対空防御の強化に関するもののみだった。1942年に2cm四連装高角機関砲が新たに "ブルーノ" 砲塔と "ツェーザル" 砲塔の上面に装備されたが、この位置の対空砲は後に4cmボフォース機関砲に換装された。

動力
Powerplant

　アトミラール・ヒッパーの推進動力源は3基のブローム・ウント・フォス社製蒸気タービン・エンジンである。1基は艦の中心線に、2基は左舷の側と右舷の側に配置されていた。中心線上のエンジンは最も艦尾寄りで、後部射撃指揮所の真下のあたりの位置であり、左舷と右舷のエンジンはメインマストの下の線のすぐ前の位置だった。3本のスクリュー・

シャフトには各々、直径4m、羽根3枚のスクリューが取りつけられていた。舵は1枚であり、中心線スクリューの後方に配置され、電力によって操作される機構だった。

アトミラール・ヒッパーには合計12基のラモン型ボイラーが装備されていた。3つのボイラー室は各々、左側と右側にボイラー2基ずつが装備され、艦内での位置は中央機関室の前部隔壁の前から、前部射撃指揮所の後端の下の線までにわたっていた。ボイラーは作動圧85気圧の蒸気を供給することができた。

蒸気タービン機関以外に、アトミラール・ヒッパーには150kWディーゼル発電機4基、460kWターボ発電機4基、230kWタービン発電機2基が装備されていた。かなり大きな電力必要量に対応するためであり、発電能力は全体でほぼ3,000kWだった。

レーダー
Radar

竣工当時、アトミラール・ヒッパーにはレーダーは装備されていなかったが、1940年の末に、FuMO 22水上探査レーダーが装備され、1941/42年にはFuMO 27セットが装備され、この装置のために3m×4mのサイズの"マットレス"型アンテナが、前檣楼頂部の射撃指揮所と、後部射撃指揮所との上に装備された。大戦の後期に、追加のFuMO 25とこの装置の3m×2mアンテナの架台が取りつけられたが、実際にこの装置が装備されたか否かは不明である。

塗装とカムフラージュ
Colour schemes and camouflage

就役した時のアトミラール・ヒッパーは、他のドイツの艦艇の大部分と同じく薄いグレーの塗装が施されていた。メインデッキは木材張りであり、それ以外の水平な面の大半は濃いグレーの滑り止め材張りだった。前甲板には空中からの識別の助けになるように、白の大きな円が塗装され、その中には黒い鉤十字が描かれていた。1940年の初めには、主砲塔の上面が黄色に塗られた。1940年の春、アトミラール・ヒッパーは破断的なパターンのカムフラージュ塗装が施された。薄いグレーのベース塗装の上に、濃いグレーの直線輪郭の"スプリンター"（破片）パターンのパッチが加えられた塗装である。その後、少なくとも二度、1942年の初めと1944年の初めに明確なパターンの変更があったが、薄いグレーのベース塗装の上に濃いグレーのパッチや縞が加えられるという基本的な方式は、その後の大戦全期にわたって変わらなかった。

アトミラール・ヒッパーはヴェーザーユーブング作戦の際、陸軍の山岳兵をノルウェーに輸送した。これは兵士たちが岸壁で乗艦しようとしている場面である。"ブルーノ"砲塔の上面には高角機関砲が追加装備されている。
（Naval Historical Collection）

艤装工事中のアトミラール・ヒッパー。主砲の砲塔は4基全部が装備済みだが、上部構造物の建造工事はまだほとんど進行していない。

大戦前の行動
Pre-war service

　アトミラール・ヒッパーは建造契約が結ばれてから8カ月後、1935年7月6日にハンブルクのブローム・ウント・フォス社造船所で起工された。基本的な船体と上部構造の建造に19カ月がかかり、1937年2月6日に進水に至った。進水式はレーダー夫人——海軍最高司令官レーダー提督の妻女——が主座についてとり行われた。その後、艤装工事には2年を要し、試験航行を完了した後、1939年4月29日にこのクラスの最初の1隻として就役した。

　それから数週間、バルト海で慣熟訓練航海を重ね、この機会を利用してエストニアとスウェーデンの港湾を儀礼訪問した。8月にはバルト海で実弾射撃を行った。第二次大戦が勃発した時、アトミラール・ヒッパーはまだ慣熟訓練を続けていたが、短い期間、臨時にパトロール任務についた。この行動は戦闘に至ることなく終わり、再び射撃テストの作業にもどった。このようなテストと訓練を終わった後、同艦はハンブルクのブローム・ウント・フォス社造船所にもどった。そこで最後の艤装調整が行われ、同時に最初の改造も実施された。竣工時の直線型の艦首がいわゆる"クリッパー型"に改造され、煙突に斜め後方に切り下がったキャップが加えられたのである。

第二次大戦中の行動
Wartime service

　改造終了の後、アトミラール・ヒッパーは1940年1月、バルト海の試験航行にもどったが、結氷が激しいためにヴィルヘルムスハーフェン軍港に引き返した。2月17日、同艦は作戦行動可能状態に至ったと判定され、その翌日、大戦で初めての本格的パトロール任務につくために出港した。巡洋戦艦グナイゼナウ、シャルンホルストの2隻と戦隊を組み、ベルゲン沖合の水域で英国の商船航行に対する哨戒に当たったが、敵船には遭遇せず、2日後に母港に帰還した。

　アトミラール・ヒッパーの次の作戦行動は4月に入ってからであり、ヴェザーユーブング（ヴェザー演習）作戦と呼ばれたノルウェー進攻作戦に参加する陸軍の部隊の輸送を命じられた。陸軍のエリート、山岳兵の部隊をクックスハーフェンで乗艦させ、トロンヘイ

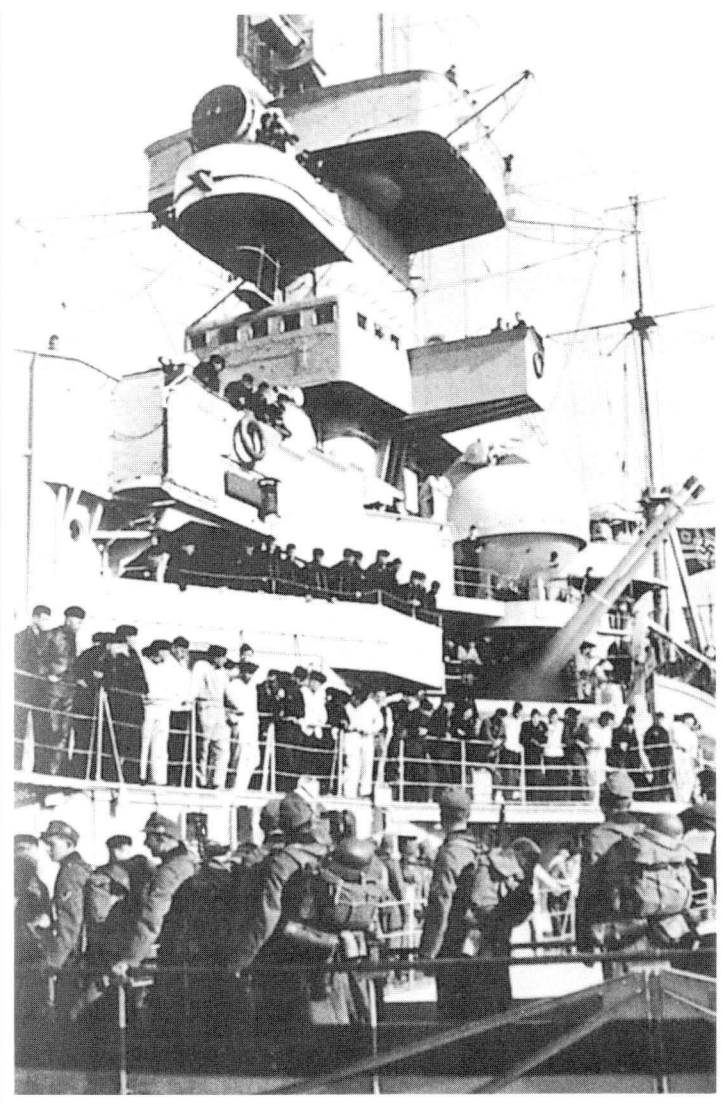

12頁の写真と同じく、山岳兵の乗艦の場面である。アトミラール・ヒッパーの上部構造物の前部がクローズアップされている。鋼板外周壁が取りつけられた艦橋の上、画面の上方には探照灯とプラットフォームが見える。画面の右側には連装重高角砲の砲身、そのすぐ上には高角砲射撃指揮所の半球型の外郭構造が写っている。

ムに向かって出撃した。この港を占領することが、アトミラール・ヒッパーと支援に当たる駆逐艦4隻の戦隊にあたえられた任務だった。

　目的地へ向かう途中、電報が入り、アトミラール・ヒッパーは戦隊を離れて駆逐艦ベルント・フォン・アルニムの捜索に向かうように命じられた。この艦が英艦と交戦中と通報したためである。捜索活動に移って間もなく、アトミラール・ヒッパーは英国の駆逐艦グローウォームと遭遇した。英国の駆逐艦はこのドイツの重巡を"味方の艦"だと誤認し、このためアトミラール・ヒッパーは先に発砲して有利に戦闘を進めた。ヒッパーはすぐにこの小型の英艦に命中弾を浴びせ、急速に接近していった。主砲の砲身を下げて小さい目標を狙っていたヒッパーは、すぐに距離が近くなり過ぎて、それ以上の俯角はかけられなくなった。しかし、10.5cm重高角砲だけになっても、目標に激しく砲弾の雨を浴びせ続けた。ヒッパーは右舷の艦首近くに有効な命中弾1発を受けたが、英艦は独艦からの多大な命中弾によって甚大な損害を被っていた。ヒッパーはグローウォームからの魚雷攻撃を怖れ、敵から見た目標をできるかぎり小さくするように操艦し続けた。実際に英艦は

魚雷を発射したが、不運にもすべて狙いは外れてしまった。ドイツ側は察知していなかったが、この時、グローウォームの舵機は機能を失っていた。そして、偶然にではあったが、激突必至のコースに入ってアドミラール・ヒッパーの至近距離に迫っていた。ヒッパーには回避する時間の余裕はなく、右舷の艦首からいくらか後方の位置に敵艦が衝突した。グローウォームは衝突後、間もなくボイラーが爆発し、数秒のうちに沈没した。乗組員のうち、40名がヒッパーによって救助された。

　この戦闘の後、アドミラール・ヒッパーは本来の任務のコースにもどった。トロンヘイム港への進入路に入った時、ノルウェー軍の沿岸防御砲台から査問信号を受けたが、英艦であると装って応答し、かなりの距離を進むことができた。ノルウェー軍がヒッパーの正体に気づいて砲撃を始めると、応射の着弾で吹き上げられた煙や土埃によって、相手が混乱している中で速度を高め、1940年4月9日の0530時に無事トロンヘイム港に入り、山岳部隊を上陸させた。

　山岳部隊はすぐに、周辺の沿岸砲台をすべて占領したので、アドミラール・ヒッパーは無事にトロンヘイムを出港することができ、本国に向かった。途中まで護衛に当たった駆逐艦フリートリヒ・エッコルトは、この任務を終わった後、アドミラール・ヒッパーを捜索していた連合軍機の攻撃を受けたが、うまく逃げ切った。ヒッパーは4月12日、ヴィルヘルムスハーフェンに無事に帰還した。

　アドミラール・ヒッパーは修理のためにすぐに乾ドックに入った。損傷の程度は最初の予想よりも大きく拡がっていたが、2週間のうちに必要な修理を完了し、ドックから海上にもどった。6月に入り、ヒッパーは戦艦シャルンホルスト、グナイゼナウと戦隊を組み、護衛の駆逐艦4隻と共に、英仏軍が占領しているハルスタード港（ノルウェー北部）を攻略するために北に向かった。しかし、戦隊が目的地に向かう途中、ドイツ軍は連合軍がすでにこの港から撤退したことを知り、戦隊は別の任務をあたえられた。この水域周辺を航行しているとみられる船団を発見し、攻撃する任務である。

　6月9日、アドミラール・ヒッパーとグナイゼナウは軍用トローラー1隻に護衛された英国のタンカー1隻に遭遇した。グナイゼナウがタンカーを撃沈する一方、アドミラール・ヒッパーはまったく戦いの相手とはいえないトローラーを始末した。それから間もなくヒッパーは、燃料補給のためにトロンヘイムに向かう前に、20,000トンの兵員輸送船オラマ（空

バルト海で訓練演習中のアドミラール・ヒッパー。近くを航行するUボートから撮影されたスナップショットである。この艦の中央部全体を見渡すことができる。"ツェーザル"砲塔の上面に追加装備された高角機関砲のプラットフォームと、前檣楼頂部の測距儀の外郭構造に注目されたい。後者は広範囲に改造され、これより前の時期の写真と比較すると相違がわかる。

カムフラージュ塗装のアトミラール・ヒッパー。1940年以降、この艦に施されたスプリンター（破片）スタイルの破断的迷彩塗装はいくつかのパターンがあり、これはそのうちのひとつである。標準的な薄いグレーの全体塗装の上に、濃いグレーの破断的なパッチが塗り加えられている。前檣楼頂部の測距儀の外郭構造は大きくなっており、その上にFuMOレーダー・アンテナがはっきり見える。

荷状態だった）を発見して撃沈した。

　その後はアトミラール・ヒッパーには穏やかな日が続き、唯一の例外は6月13日の高角砲による英軍の爆撃機1機撃墜だけだった。7月25日、武器輸送阻止パトロールの任務についていたアトミラール・ヒッパーは、フィンランドの貨物船エスター・トルデンと遭遇した。この船を臨検したところ、公式に記録されている積荷、米国向けの木材以外に、1.75トン以上の金が発見された。ドイツ人たちはこの船を撃沈せず、送り込んだ拿捕要員の指揮の下にノルウェーの港に向かわせた。

　1940年9月、アトミラール・ヒッパーはオーバーホールを受けるためにヴィルヘルムスハーフェンに帰還した。その月の終わり近く、ヒッパーは大西洋に進出して通商破壊戦に当たるために出撃した。しかし、洋上でエンジンの滑油供給装置に重大な故障が発生し、その結果、危険な火災に至った。消火作業を進めるためにエンジンを停止せねばならず、ヒッパーは数時間にわたって波の上を漂う事態に陥った。幸いなことに、この危険な数時間、敵の航空機や艦艇と接触することはなかった。そして、なんとか鎮火させた後、9月30日、よろめきながらハンブルクに入港した。ブローム・ウント・フォス社造船所での修理作業には1週間以上を要した。

　11月30日、ヒッパーは再び、大西洋で連合国の商船を攻撃する任務のために出撃し、12月6日には敵に発見されることなくデンマーク海峡を通過した。12月24日、アトミラール・ヒッパーは欧州西岸の西1,300kmの水域で、輸送船20隻ほどの護衛船団を発見した。船団には重巡1隻、軽巡2隻、空母2隻、駆逐艦6隻の強力な護衛がついていたが、ヒッパーはすぐにはそれを察知しなかった。ヒッパーは商船2隻を狙って主砲射撃を始め、かなりの損害をあたえた。しかし、この時点でヒッパーは敵の重巡と護衛駆逐艦を発見し、魚雷攻撃を危惧して、主砲射撃を続けながら後退に移った。

　10分ほど後、アトミラール・ヒッパーは艦首左舷前方に敵の重巡バーウィックを発見して射撃開始し、英艦の後部砲塔附近、吃水線、上部構造物前部に命中させた。しかし、ヒッパーはすぐに交戦を打ち切った。巡洋艦の護衛の駆逐艦から魚雷攻撃を受ける可能性を警戒したためである。この戦闘でヒッパーは商船2隻に損傷をあたえ、巡洋艦にも砲弾を命中させ、自艦には損傷を受けることなく離脱した。ここで燃料の残量が少なくなったため、アトミラール・ヒッパーはドイツ軍の占領下にあるフランスに向かい、12月27日にブレスト軍港に到着した。

　ブレストで小規模な修理を受けた後、アトミラール・ヒッパーは1941年2月1日、再び出撃した。当初はアトミラール・ヒッパーとシャルンホルスト、グナイゼナウとの協同作戦が計画されていた。重巡が牽制行動を取り、英国の艦艇を戦艦2隻が行動する予定の

水域の外へ誘い出す計画だった。ところが、12月の末にグナイゼナウが強い波浪によって損傷したため、この計画は放棄された。このため、アトミラール・ヒッパーは新しい任務をあたえられ、単独で出撃したのである。

アゾレス諸島附近でドイツのタンカーから給油を受けた後、ヒッパーは東へ向かい、2月11日に単独で航行している英国の貨物船と遭遇し、これを撃沈した。そして、その日の遅い時刻にレーダーによって英国の船団、SL6を発見し、尾行に入った。翌朝、アトミラール・ヒッパーは英艦であるようにうまく装い、輸送船19隻のこの船団に接近した。十分に距離を詰め、船団の横に並ぶコースに入ってからドイツの軍艦旗を掲揚し、最も近い船を狙って砲撃を開始した。それから30分にわたり、この重巡は船団の外側の隊列沿いに前後に往復し、主砲と重高角砲で射撃し、魚雷も発射した。この隊列を壊滅させると、ヒッパーは残った商船を高速で追い、次々に激しい砲火を浴びせた。救援の英艦が現れるのを懸念し、戦闘を打ち切ってこの場を離れたが、ヒッパーはそれまでに輸送船を合計13隻撃沈した。英国政府は喪失7隻と損傷2隻と発表したが、船団の生存者の中には14隻沈没という者もあり、英国の公式発表は少な過ぎるかもしれないと思われる。

アトミラール・ヒッパーは燃料と弾薬が乏しくなり、ブレストに向かった。2月15日の入港の際は、熱狂的な歓迎を受けた。しかし、ブレスト軍港は英国空軍の爆撃機に狙われることが多く、アトミラール・ヒッパーを本国に帰還させることが決定された。入港して岸壁につける時に港内の沈没船の残骸によって受けた軽い損傷を修理した後、3月15日、ヒッパーは本国に向かって出港した。そして、デンマーク海峡を無事に通過し、ベルゲンで給油を受けた後、3月28日にキールに到着した。同艦はドイッチェ・ヴェルク社造船所で本格的なオーバーホールと修理を受け、バルト海の安全な水域で試験運転を始めたのは7カ月後だった。12月21日以降、ゴーテンハーフェンで小規模な改造を受けた。

1942年1月には、ハンブルクのブローム・ウント・フォス社造船所でタービンのオーバーホールが行われた。この時に船体に磁気機雷防御のコイルが取りつけられた。3月に入って、アトミラール・ヒッパーは数隻の駆逐艦、水雷艇と共にトロンヘイムに移動し、アトミラール・シェーア、プリンツ・オイゲンと合流した。後者は5月の半ばにこの部隊を離れ、修理のために本国に帰還したが。

7月3日、トロンヘイム在港のアトミラール・ヒッパー、戦艦ティルピッツの2隻と、ナルヴィク在港のポケット戦艦リュッツォウ、アトミラール・シェーアの2隻はノルウェー北方の水域に向かって出港した。ムルマンス

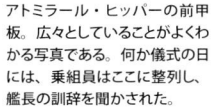

アトミラール・ヒッパーの前甲板。広々としていることがよくわかる写真である。何か儀式の日には、乗組員はここに整列し、艦長の訓辞を聞かされた。

クに向かう英国の大型輸送船団、PQ17に対する攻撃を命じられたのである。"レッセルシュプルンク"（桂馬跳び）という呼称のこの作戦は失敗に終わった。リュッツォウが護衛の駆逐艦3隻と共に、会合点に向かう途中で座礁した。それ以外の艦艇は北への航行を続けたが、英国海軍はドイツ艦艇の行動に気づき、船団を解散し、輸送船は単独行動で目的地に向かうように命令した。ドイツ海軍は船団解散を察知すると、小規模ながら強力なこの戦隊によって、広範囲に分散した個々の輸送船を索敵攻撃することは無益であると判断し、洋上に出ている艦艇はすべて根拠地にもどるように命令した。その後、Uボートと空軍の爆撃・雷撃部隊が索敵攻撃を広範囲に展開し、7月5日から10日にかけて輸送船24隻を撃沈した。PQ17は英国海軍にとって大災厄の作戦となった。

　それから2カ月余り、アトミラール・ヒッパーにとってはほぼ平穏な日々が続いた。9月10日、アトミラール・シェーア、軽巡ケルンと共にパトロール任務で航行中に、英国の潜水艦ティグリスの魚雷攻撃を受け、危うく命中を逃れる場面があった。9月の末には成功裡に終わった機雷敷設作戦に参加した。この作戦の目的は、バレンツ海に機雷を敷設し、連合国の船舶がこれを避けるためにノルウェー海岸寄りの航路、つまりドイツの艦艇が行動しやすい水域内の航路を取るように仕向けることだった。その後、10月の大半にわたり、ヒッパーはナルヴィクに近いボーゲン湾に停泊し、そこでエンジン修理作業を行った。

　アトミラール・ヒッパーが再び砲戦を交えたのは1942年の最後の日である。ムルマンスクに向かう英国の護衛船団JW51Bが12月24日にUボートによって発見され、それを迎撃するためにヒッパーとリュッツォウが護衛の駆逐艦3隻ずつと共に、12月30日にノルウェー北端のアルタフィヨルドから出撃した。両艦は2つのグループに分かれ、南と北から船団を攻撃するために別のコースを取った。31日の0720時頃、ヒッパーのグループは船団を発見した。巡洋艦戦隊の旗艦であり、司令官クメッツ中将が座乗していたアトミラール・ヒッパーは、駆逐艦フリードリヒ・エッコルト、リヒアルト・バイツェン、Z24を率いて北側から船団に接近し、船団護衛の英国の駆逐艦5隻と向かい合った。リュッツォウと護衛の駆逐艦3隻は船団の南方の位置にあり、船団発見の通報を受け、全速力で北に向かった。0930時頃、北方グループの駆逐艦が船団の護衛艦隊に向けて発砲したが、命中弾はなかった。その10分後、アトミラール・ヒッパーが主砲と重高角砲によって攻撃したが、やはり目立った命中弾はなかった。英国海軍の駆逐艦の中で最も小型であり、武装も貧弱なオビーディエントとオブデュリット——主砲は4インチ砲4門——は、それから2時間にわたって商船の隊列をドイツの駆逐艦の攻撃から防護し、もっと大型の3隻の駆逐艦、アケイティーズ、オンスロー、オーウェルはドイツの重巡に対する防御戦に当たった。もちろん、英軍の駆逐艦は火力では劣っていたが、捉えにく

艦尾から撮影したアトミラール・ヒッパー。艦尾近くの舷側には錨の形に合わせた凹みが造られており、そこに錨がぴったり収まっている状態がはっきり写っている。大戦勃発以前は、艦尾には大きな鋳物のナチ・ドイツの紋章（鉤十字を両脚で握っている鷲）が取りつけられていた。

この重苦しい雰囲気の写真は戦艦ティルピッツの甲板から撮影された。この戦隊が1942年7月2日、トロンヘイムの泊地を離れ、北方へ向かう場面である。画面の左側の艦は、先頭のティルピッツの後方に続くアドミラール・ヒッパー、右側の2隻は護衛の駆逐艦。この時のアトミラール・ヒッパーは破断的なパターンの迷彩塗装である。

試験航走中のブリュッヒャー。改造の際、煙突にキャップを取りつける必要があった理由が、この写真ではっきり分かる。垂直に噴き上がる大量の排煙が、時には前檣楼上の測距儀の視野を妨げる可能性があった。

い目標であり、その魚雷武装はヒッパーに脅威をあたえ続けた。しかし、アトミラール・ヒッパーの20.3cm砲の威力は駆逐艦にはとても対抗できるものではなかった。1018時頃、数発の直撃弾を受けたオンスローは、たちまち火だるまとなった。そのすぐ後、アトミラール・ヒッパーは掃海艇ブランブルに遭遇し、すばやく交戦して、炎上する廃船同様にしてしまった。ヒッパーが船団を追って南に進むと、後に残されたフリートリヒ・エッコルトとリヒアルト・バイツェンは、不運なブランブルを撃沈する役回りになった。

ドイツ側は察知していなかったことだが、この時、英軍の2隻の軽巡洋艦、シェフィールドとジャマイカが高速で北方からこの戦場に接近していた。両艦の行動は雪嵐が拡がった激しい天候に隠されていた。

一方、アトミラール・ヒッパーは駆逐艦アケイティーズを捕捉し、20.3cm主砲の砲弾を多数撃ち込んで大破させた。英軍の残った駆逐艦3隻は今や船団を離れ、炎上する残骸同様のアケイティーズの救援に向かった。敵の駆逐艦からの魚雷攻撃の危険を避けるために、戦場を離れて北に向かったアトミラール・ヒッパーは、ジャマイカとシェフィールドの針路前方に入り、6インチ砲の激しい砲撃を受けた。回避のために急激に左へ舵を切った時、艦が大きく傾き、装甲が薄い艦体の下部を敵の射線に曝し、そこに直撃弾1

艤装工事中のブリュッヒャー。進水時には垂直型だった艦首は、すでにクリッパー・スタイルの"アトランティック"型に改造されている。4基の主砲砲塔は装備済みであり、前檣楼など上部構造物の主な部分の工事はかなり進んでいる。

発を受けた。その砲弾は吃水線より下の舷側を貫通し、機関室で爆発したため、浸水が広い範囲に拡がった。アトミラール・ヒッパーは敵から離れようと高速で西へ向かいながら、英艦に対して主砲を数回斉射したが、効果はなかった。不意を衝かれた動揺、測距儀装置のひどい結氷、敵の6インチ砲弾数発の命中によって発生した火災の煙などの要因が重なったためである。アトミラール・ヒッパーの重大な損傷の状態をみて、クメッツ司令官は戦闘中止を命じた。彼は指揮下の艦を喪失の危険に曝してはならないと命令されていたのである。

リヒアルト・バイツェンとフリートリヒ・エッコルトはもっと不運だった。この2隻は英軍の巡洋艦2隻の針路前方に迷い込んだのである。そして、フリートリヒ・エッコルトは英軍の巡洋艦を味方の艦と誤認する致命的な失敗を犯し、それに気づくのが遅すぎた。零距離同様の近距離からの圧倒的な敵の砲撃によって徹底的に破壊され、爆発を起こして、乗組員全員と共に沈没した。

その頃、リュッツォウは船団に接近していたが、アトミラール・ヒッパーが悩まされたのと同じ問題、測距儀装置の結氷に取りつかれていた。リュッツォウは短い時間、船団を砲撃したが、目立った損害をあたえることはできず、そのうちに旗艦からの電報により戦闘を中止して根拠地にもどれと命じられた。ドイツの戦隊は1943年1月1日、アルタフィヨルドの泊地に帰還した。

その後、すぐに、この作戦失敗に対する非難が始まり、重大な結果に至った。不運なことに、この作戦を逐次報告しようと努めたUボートからの電報が誤って解釈され、最高司令部は自軍の勝利だと信じる方に導かれていた。しかし、確かな情報が入り始めると、味方の駆逐艦1隻が沈没し、アトミラール・ヒッパーは損傷し、敵の商船撃沈の戦果はまったくないという事実が明らかになった。その上に英国側の発表は、船団護衛の英国の艦隊より遙かに強力なドイツ艦隊（砲撃力の上ではアトミラール・ヒッパーの8インチ砲とリュッツォウの11インチ砲に対して英軍の巡洋艦2隻の6インチ砲、駆逐艦の数はドイツ側の6隻に対して英国側の5隻）を撃退したと強調したので、ドイツ側はいっそう惨めな気持になった。ヒットラーは怒りを爆発させた。海軍は無用の長物だと決めつけ、大型艦はすべてスクラップにして、砲塔は陸上の砲台に移設せよと命じた。海軍最高司

令官レーダー元帥の反対意見は無視され、レーダーとヒットラーの関係は険悪になっていき、レーダーが辞表を提出するとヒットラーはそれを受理した。潜水艦部隊最高司令官カール・デーニッツ元帥がレーダーの後任になった。海軍にとって幸いなことに、デーニッツはヒットラーの命令をある程度和らげることができた。大型艦のスクラップ化は撤回され、一部の艦が現役から外されるだけに止まった。しかし、海軍の大型艦に対するヒットラーの不信感はその後も消えることはなかった。

アルタフィヨルドに引き揚げたアトミラール・ヒッパーは、応急修理を受け、1943年1月の末にはボーゲン湾まで無事に航行することができた。ここに2週間留まった後、ヒッパーは2月7日に軽巡ケルン、護衛の駆逐艦1隻と共に本国に向かって出港し、トロンヘイムとモールを経由してヴィルヘルムスハーフェンに帰還した。ここで、2月28日、一時は栄光に溢れていたこの重巡洋艦は現役を解除された。ヒットラーの海軍に対する不信感の犠牲だった。しかし、修理作業は継続され、4月には修理はまだ完了していなかったが、アトミラール・ヒッパーはバルト海に面した安全なピーラウ(ダンツィヒに近い軍港)に曳航されて移動した。

それからほぼ1年後、アトミラール・ヒッパーはゴーテンハーフェンに移された。バルト海で任務につかせる意図の下に、修理を完全に仕上げるためである。ヒッパーは現役艦に復帰したが、戦闘任務に当てることは考えられず、士官候補生の練習艦の任務につくように計画されていた。そして、それから5カ月にわたってバルト海で試験運転を重ねたが、結局、就役可能状態には至らなかった。いずれにしても事実上、再びヒッパーは任務に就けない状態にもどってしまった。ソ連軍の西方への急進撃に対応して、ゴーテンハーフェン防衛戦強化の塹壕掘り作業に乗組員が動員されたためである。それに加えて、英国空軍が港の周辺の水域に広い機雷原を敷設したために、ヒッパーは港に封じ込められたと同様になった。

1944年の末、アトミラール・ヒッパーを以前と同様な作戦行動可能状態にもどす意図の下に、再びオーバーホールと修理の計画が立てられた。この作業には約3カ月を要する予定だったが、1945年1月の末には東部戦線の状況が急速に悪化したため、可動状態の機関1基のみのヒッパーはドイツ本国への移動を命じられた。1月29日にゴーテンハー

最も容姿が整った時期のブリュッヒャー。煙突にキャップが加えられてスマートになり、わずかな汚れもみえず、バランスの乱れも感じられない。登艦礼の準備のためか、水兵たちが甲板に集められている。

フェンを出港したアトミラール・ヒッパーは4日後にキールに到着し、ゲルマニアヴェルフト社造船所で改造と修理作業が続けられた。

　アトミラール・ヒッパーの運命は5月3日に尽きた。英国空軍の爆撃によって決定的な損害を受け、泊地で自沈処分されたのである。一時は威容を誇ったこの重巡洋艦の残骸は、1949年に解体されてスクラップになった。

SCHWERE KREUZER BLÜCHER

重巡洋艦ブリュッヒャー

艦名
The name

　ドイツ海軍の新しい重巡洋艦の2番目の艦の艦名は、ドイツ軍人の中での最高の英雄、ゲブハルト・レベレヒト・フュルスト・ブリュッヒャー＝フォン＝ヴァールシュタット元帥（1742〜1819）の名を取ったものである。ブリュッヒャーは角のある性格であり、一度、プロシア陸軍の将校に任官していたが、見落としのために進級者リストに入れられなかったことがあった時に、自分が軽視されたと感じて辞職した。プロシア国王、フレデリック大王が崩御し、フリートリヒ・ヴィルヘルムが即位した後、ブリュッヒャーは1787年に再びプロシア陸軍に入り、順調に進級を重ね始めた。1801年までには中将に昇進し、騎兵隊指揮官として優れた腕前を発揮していた。ナポレオン戦争の際、彼の指揮下の部隊は食料と弾薬が涸渇したために敵に降伏し、彼も捕虜になった。しかし、幸いなことに、当時では特に珍しい慣習ではなかった高位の捕虜の交換に加えられて帰国し、すぐに前線任務に復帰した。1815年6月のワーテルロー会戦の際は、彼の部隊が好機に戦線に到着し、連合軍のナポレオンに対する勝利を確実なものにした。この戦いでの勝利への彼の貢献が極めて大きかったので、プロシア国王は感謝の気持ちを込めて彼に授けるために鉄十字勲章の新しい階級、胸飾り星章を設けた。これを授与されたのは彼だけであり、"ブ

大戦勃発前、公試の時期のブリュッヒャー。艦首の盾形紋章に注目されたい。これは間もなく、開戦と共に取り外された。船首の形状はすでにクリッパー型に変わっている。斜め後方に切れ下がった煙突キャップは同型艦3隻に共通であり、特徴的なものだが、この時期のブリュッヒャーにはまだ取りつけられていない。

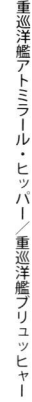

この写真はブリュッヒャーの艦首の最終的な形状を示している。錨の配置が進水当時とは変わっていて、前甲板前端近くの両舷の縁の錨留め切り欠きに1基ずつと、船首自体に1基配置されている。

リュッヒャーの星"と呼ばれるようになった。部下の将兵から敬愛されていたブリュッヒャーはシレジアで死去した。

盾形紋章
Armorial crest

ブリュッヒャーの艦首にはブリュッヒャー元帥一族の盾形紋章が飾られた。盾形は4つに分割され、左上と右下の区画には冠をいただいたプロシアの黒い鷲、左下の区画には鉄十字勲章、右上の区画には月桂樹の葉の輪飾りとその上に斜めに重ねられた剣が飾りつけられていた。盾形の中央には小さい盾形が重ねられ、その中には2つの黒い鍵が背中合わせに飾られていた。

■ブリュッヒャーの要目

全長　　　202.8m
全幅　　　21.3m
吃水　　　7.74m
最大排水量　18,694トン
主砲　　　20.3cm砲8門（連装砲塔4基）
副砲　　　10.5cm砲12門（連装砲塔6基）
高角砲　　3.7cm機関砲12門（連装砲座6基）
　　　　　2cm機関砲8門（単装砲座）
魚雷　　　53.3cm魚雷発射管12基（三連装装架4基）
艦載機　　アラドAr196水上偵察機3機
乗組員　　士官50名、下士官兵1,500名

　　艦長
　　ハインリヒ・ヴォルダグ大佐　1939年9月～1940年4月

建造と全般的な構造のデータ
General construction data

ブリュッヒャーは1936年8月15日、ハンブルクのブローム・ウント・フォス社造船所で起工された。アトミラール・ヒッパーの起工から1年1カ月後であり、建造契約があたえ

られてから約1年が過ぎていた。基本的な船体と上部構造物の建造にはちょうど10カ月かかり、1号艦より4カ月後、1937年6月8日に進水した。ブリュッヒャーの装甲防御は、ほとんど同一の姉妹艦、アトミラール・ヒッパーと基本的に同じだった。艤装と仕上げ作業には2年以上を要し、1939年9月20日に最終的にドイツ海軍に就役した。

改造
Modifications

進水した時のブリュッヒャーは、姉妹艦1号艦と同じく、艦首は垂直に切れ上がったスタイルであり、煙突にはキャップがついていなかった。1号艦は艦首両舷に各1基の錨があり、甲板の縁の錨留め切り欠きに留められていたが、ブリュッヒャーは艦首左舷に2基、右舷に1基の錨が配置され、各々、舷側の錨鎖孔(アンカーホーズ)に留められていた。しかし、就役に至る前に艦首はアトミラール・ヒッパーと同じくクリッパー型に改造され、錨は両舷各1基とされ、艦首近くの甲板の縁の切り欠きに留められるヒッパーと同じスタイルになり、船首にも錨1基が取りつけられた。煙突には斜め後方に切れ下がるキャップが取りつけられたが、これは艦首の改造より後の時期だったようである。艦首はクリッパー型に変わっていながら、煙突にはキャップがない状態の写真が残っている。

動力
Powerplant

ブリュッヒャーは姉妹艦アトミラール・ヒッパーと同じく、推進動力としてブローム・ウント・フォス蒸気タービン機関を3基装備していた。艦の中心線上、艦尾寄りに1基と、その前の位置の左舷と右舷に各1基が配置されていた。後部（中央）エンジンは後部射撃指揮所の下の位置、左右両舷のエンジンの位置はメインマストの下のすぐ前の位置である。3本のスクリュー・シャフト各々には羽根3枚、直径4mのスクリューが取りつけられていた。舵は中心線上に配置された1枚であり、電動操作方式だった。

ブリュッヒャーはワグナー型ボイラー12基が装備され、4基ずつを装備した3つのボイラー室は中央機関室の前部隔壁の前から前部射撃指揮所の後端の下の線に至るまでの区画に配置されていた。ボイラーは作動圧85気圧の蒸気を供給することができた。

ブリュッヒャーの3種類、合計10基の発電機の装備と発電能力は、アトミラール・ヒッパーと同じである。

公試運転中、全速力で航走しているブリュッヒャー。煙突から噴き上げられる膨大な量の煙が印象的である。前檣楼中部の艦橋にはまだ覆いがなく、吹き曝しであることがはっきりとみえる。

カラー・イラスト

解説は47頁から

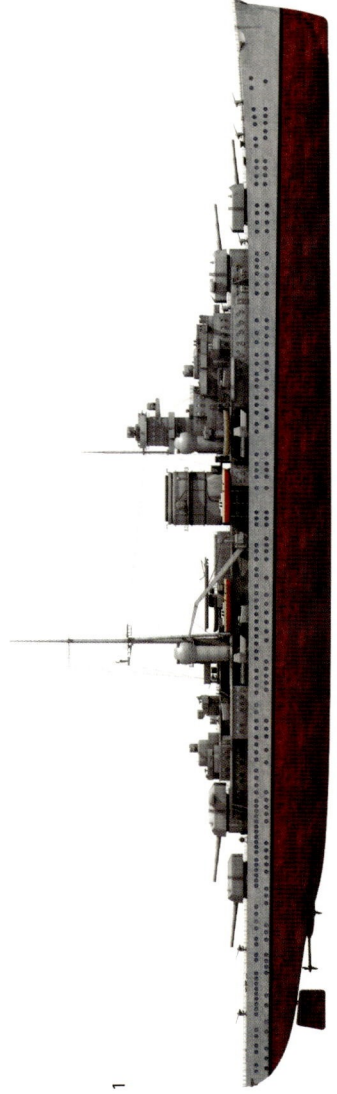

1

2

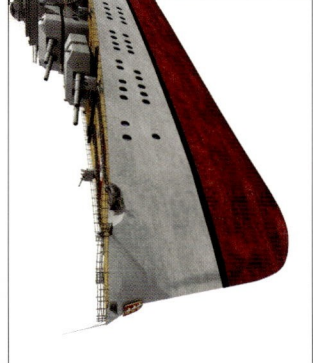

3

4

5

6

A：アドミラール・ヒッパー

A

B：戦闘中のアドミラール・ヒッパー

C：プリュッヒャー

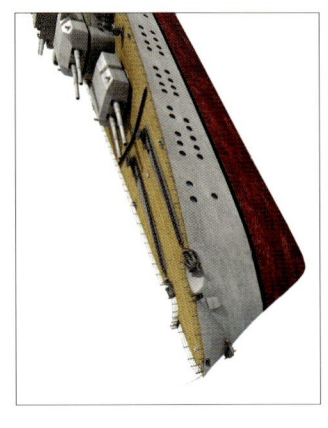

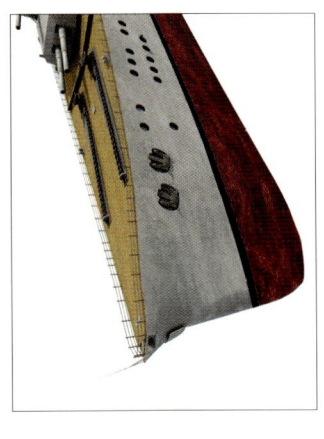
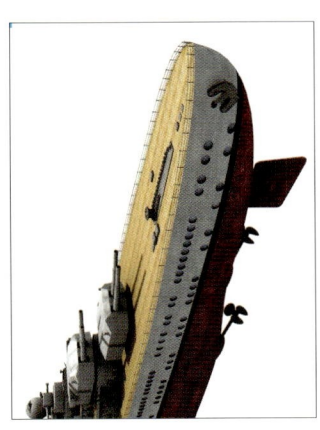

図版D
プリンツ・オイゲンの解剖図

各部名称
1. 4cm単装高角機関砲
2. 20.3cm主砲 "アントーン" 連装砲塔
3. 20.3cm主砲 "ブルーノ" 連装砲塔
4. 4cm単装高角機関砲
5. 艦橋
6. 対空砲プラットフォーム（4cm単装高角機関砲1基装備、以前は探照灯装備）
7. 前部主射撃指揮所（6m測距儀装備）
8. 前檣楼射撃指揮所（7m測距儀装備）
9. フォーマスト
10. 煙突
11. メインマスト
12. 探照灯
13. レーダー・アンテナ
14. カタパルト
15. 右舷後部高角砲射撃指揮所
16. 後部射撃指揮所（7m測距儀装備）
17. 3.7cm単装高角機関砲
18. 20.3cm主砲 "ツェーザル" 連装砲塔
19. 20.3cm主砲 "ドーラ" 連装砲塔
20. 4cm単装高角機関砲
21. 上空からの味方識別用標識
22. 舵
23. スクリュー
24. 機関室
25. 後部三連装魚雷発射管
26. 機関制御室兼被害対策指揮センター
27. 10.5cm連装高角砲
28. 艦載機格納庫
29. 起重機
30. 煙突への排煙管
31. 内火艇
32. ボイラー室
33. 前部三連装魚雷発射管
34. タービン発電機室
35. 10.5cm連装高角砲
36. 前部高角砲射撃指揮所
37. 前部主砲揚弾室
38. 前部主砲揚薬室

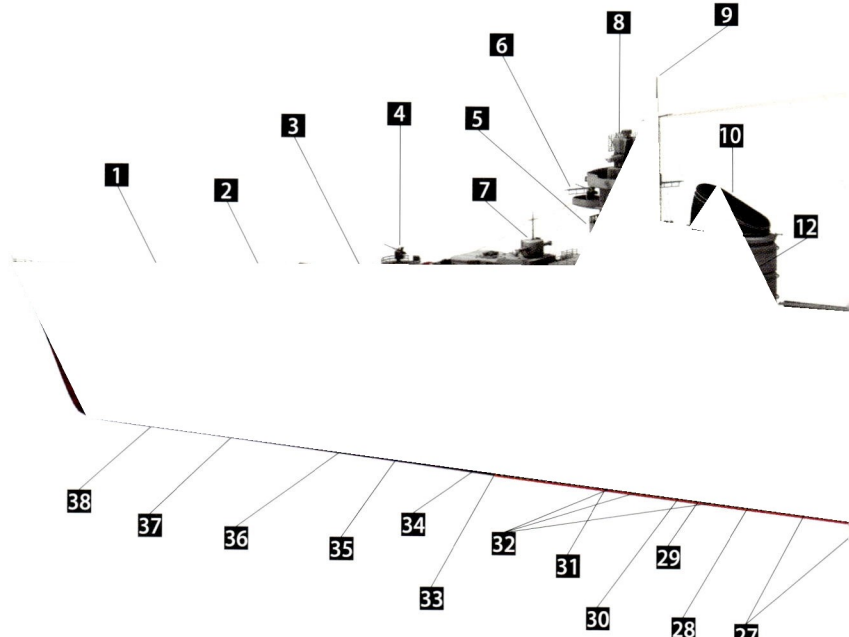

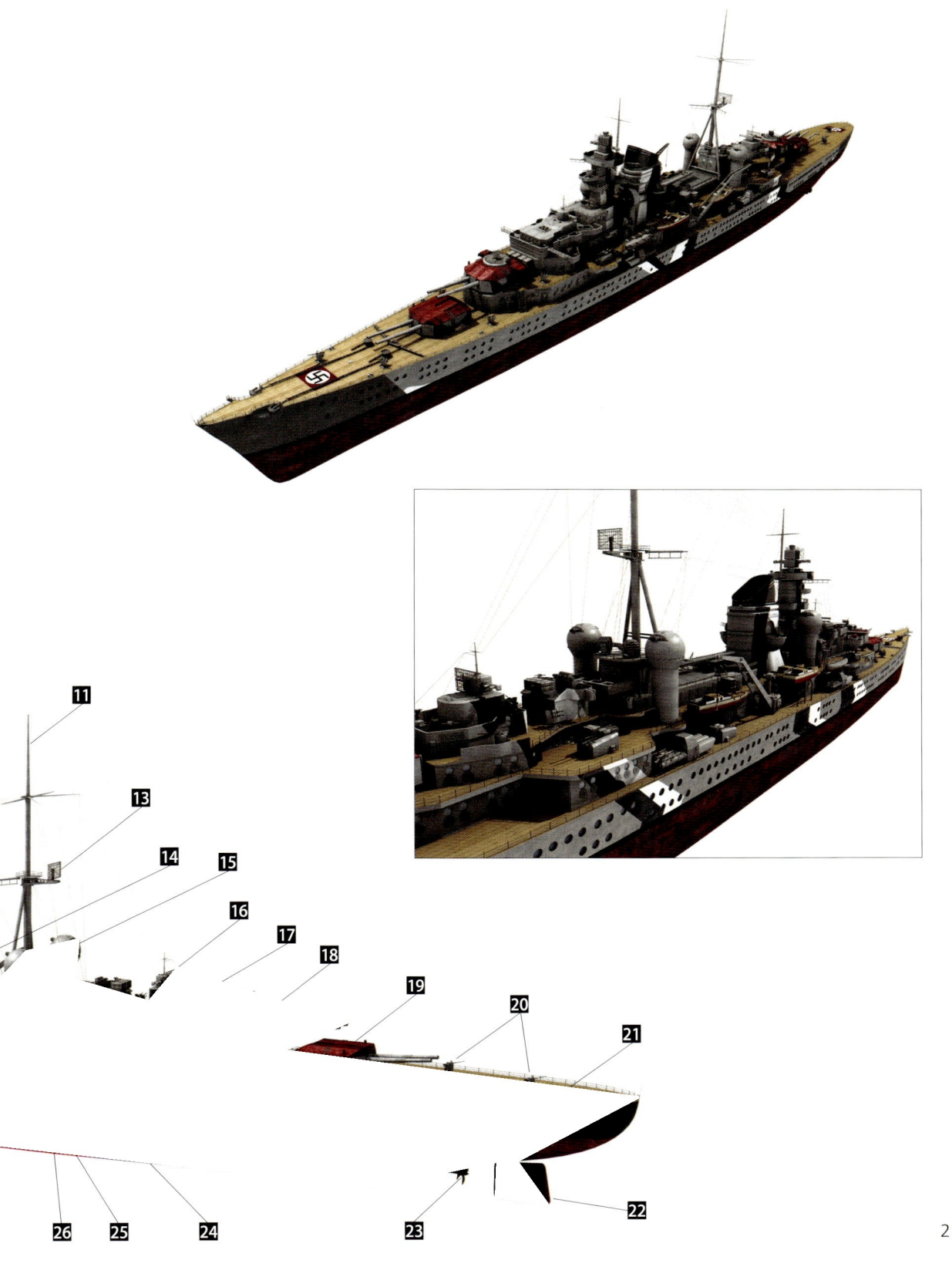

E：プリンツ・オイゲン

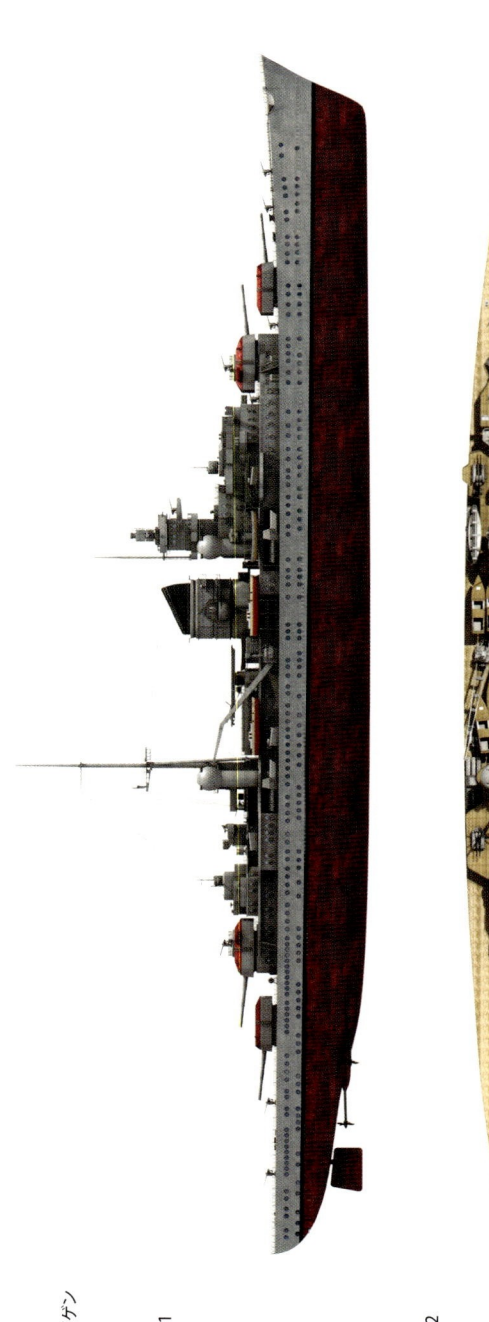

1

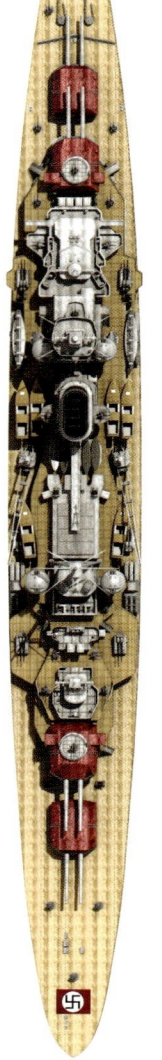

2

3

4

F：戦闘中のプリンツ・オイゲン

G：大戦後期のカムフラージュ塗装

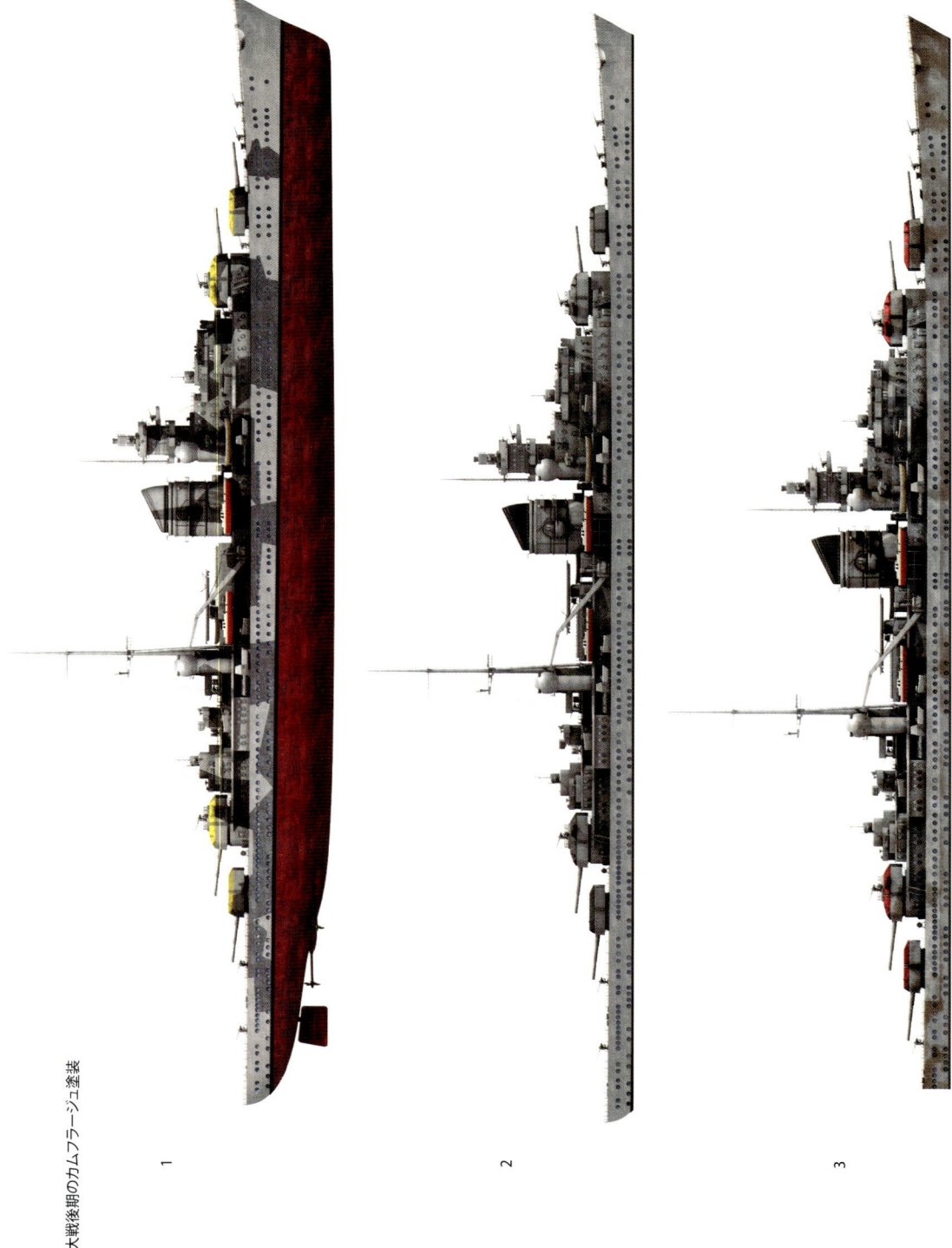

"アントーン"砲塔の主砲2門の間からみたブリュッヒャーの艦首。画面下寄りの左右には大きな錨鎖巻き上げ軸（アンカー・キャプスタン）が写っている。その先に描かれた鉤十字は空中からの味方識別用であり、ドイツの大半の大型艦に共通である。

レーダー
Radar

　ブリュッヒャーは大戦の早い時期に喪われたため、レーダー装備の変化はなかった。FuMO 22と、この装置の2m×6mのマットレス型アンテナが前檣楼頂部の測距儀の外装構造に取りつけられていて、この艦のレーダー装備はこれだけで終わった。

塗装とカムフラージュ
Colour schemes and camouflage

　ブリュッヒャーが竣工した時の塗装は、この時期のドイツの艦艇の伝統的な塗色、薄いグレーだった。もっと複雑なカムフラージュ塗装に変わっていく前に、この艦は戦没して短い生涯を終わった。

訓練演習中のブリュッヒャー。近くを通過したEボートから撮影された。艦首には盾形紋章が飾られているので、時期は大戦前と思われる。艦首の形状と煙突キャップは改造後の状態になっている。

大戦中の行動
Wartime service

　ブリュッヒャーは就役した後も、1939年11月の大半にわたってドック内で追加の改装を受けたが、月末になってやっと出港し、ゴーテンハーフェンに移動して、ここで12月の半ばまで試運転を行った。その後、最終的な改装を

大きく傾斜したブリュッヒャー。この後、間もなく、横転が進んで転覆した。この写真に写っているように、傾斜が45度に達した時、総員退去が下令された。艦の中央部からは大きな火焔が噴き上がっている。

　加えるためにキールにもどり、この作業の後、1940年1月の初めにバルト海で作戦行動可能なレベルに達するための試運転と訓練を始めた。1月の半ばにはキールにもどったが、厳しい気象条件のために1月の末まで結氷によって港内に閉じ込められた。この間にブリュッヒャーは港内のドイッチェ・ヴェルク社造船所に入り、2カ月間ここに留まって追加の改修を受けた。

　ブリュッヒャーは最初の計画より1カ月前後も遅れたが、1940年4月5日、最終的に作戦行動可能状態に至ったと判断され、ヴェザーユーブング作戦、ノルウェー進攻作戦実施部隊に編入された。ブリュッヒャーの戦隊の任務はオスロ港占領であり、この重巡はオスロ攻略の陸軍部隊を輸送して揚陸させる任務をあたえられた。

　この日、オスロ攻略任務のために編成された第5グループの司令官、クメッツ少将がシュヴィーネミュンデで乗艦し、第163歩兵師団の将兵800名が全装備・弾薬と共に搭乗した。4月8日の早朝、ブリュッヒャーはポケット戦艦リュッツォウ、軽巡エムデン、護衛の水雷艇3隻、モーター掃海艇8隻などと共にノルウェー水域に向かって出撃した。戦隊はカテガット海峡とスカゲラク海峡を通過する時に、英国の潜水艦トライトンに発見され、ブリュッヒャーを狙って魚雷が発射された。魚雷は命中しなかったが、ドイツの水上部隊の行動は探知されたので、敵の次の攻撃に対して警戒が強められた。

　ブリュッヒャーの戦隊がオスロフィヨルドへの進入路に近づいた頃、夜の闇が拡がった。真夜中を過ぎた頃、ボラルネ島とラノイ島のノルウェー軍の沿岸防御砲台から探照灯の照射を受けたが、砲撃はなかった。しかし、それから間もなく、ドイツの戦隊がオスロに向かって航行し続けていると、警告射撃が1発発射され、フィヨルドの入り口の航法灯が消えて、暗闇の中で航行はいちだんと危険になった。

　0046時、ブリュッヒャーは停止し、護衛の小型艦艇に歩兵の大半を移乗させ、それからまた北へ向かった。0440時、同艦は再びノルウェー軍の探照灯に照射され、0521時にはオスカルスボルグの28cm重砲がブリュッヒャーの左舷に向かって砲撃を開始し、すぐに近距離からの強烈な命中弾が続いた。敵の射撃を受けたので、今やドイツ艦艇は応射することを許されたのだが、敵の砲台の位置を正確に狙うことができなかった。ブリュッ

ヒャーはもっと激しい損害を受ける前に敵の沿岸砲台の前を通過しようと図り、全速力を出したが、今やブリュッヒャーの右舷の側のドゥロバクの砲台が15cm砲の砲撃を開始した。距離は360mであり、これだけ大きい目標に対しては直線射撃が可能だった。そのすぐ後に決定的な一撃があった。0530時、魚雷2本がブリュッヒャーに命中したのである。

この時までに、損傷を受けていたこの重巡は危険な区間をほぼ通過し終わり、ノルウェー軍の砲座は左右の旋回の限界に達し、これ以上、この目標を追って照準器に捉え続けることができなくなっていた。0534時、砲撃は停止された。

僚艦が激しい損害を受けるのを見て、リュッツォウは後に続くのをためらった。この艦自体、直撃弾を受けた前部主砲塔が作動不能に陥っていた。このため、やはり針路を反転し、この危険な地点から離れていった。

今やブリュッヒャーは戦隊の隊列から切り離されてしまった。舵は取り舵の位置から動かなくなっていた。このため、艦が艦首を左に振って近くの海岸に乗り上げるのを防がねばならず、右舷のエンジンを停止し、左舷のエンジンを全力運転した。中央のエンジンだけでしばらく前進を続けたが、これも間もなく停止せねばならなくなり、海岸に押し流されるのを防ぐために錨を下ろした。

ブリュッヒャーの中央部の甲板には激しく火災が拡がっていた。歩兵部隊と一緒に搭載した弾薬と装備が炎上したためである。艦内は大混乱に陥っていた。方々に煙が充満し、電気回路は停止し、電灯は消え、ジャイロ・コンパスと通信装置は作動不能になっていた。砲員は全員、消火作業に動員されたが、火災の勢いは激しく、弾薬、手榴弾、その他の兵器類が誘爆する危険があるので、消火作業は極めて困難だった。初めのうち、艦の傾斜は18度前後であり、それほど危険は迫っていなかったが、10.5cm高角砲の弾薬庫のひとつが突然爆発し、その衝撃によってボイラー室の間の隔壁が破れ、燃料タンクが引き裂かれた。すぐに燃料には火が廻り、艦の傾斜はだんだんに増していった。ブリュッヒャーがこの損傷に堪えきれないことは急速に明白になってきて、総員退去の命令が下された。乗組員の一部は油が拡がった凍りつくような海を海岸まで乗り切ったが、0730時に艦が横倒しになり転覆した時、大半は戦死した。

プリンツ・オイゲンの進水式。装飾旗の波と2旒の軍艦旗を華やかに飾られた船体が進水台を滑り下りていく。まだ低い部分だけしかない上部構造物の上に、木製の臨時通路が取りつけられている。"アントーン"砲塔はまだ外装がなく、砲架が据えつけられているだけの状態であり、その上に覆いがかけられている。

端正なスタイルのプリンツ・オイゲンがゴーテンハーフェン軍港の岸壁に係留されている。艦首の盾形紋章は大分前に取り外されたはずだが、その台座だけがまだ残っているのは面白い。前檣楼頂部の測距儀の上にマットレス型のレーダー・アンテナがはっきり見える。

SCHWERE KREUZER PRINZ EUGEN
重巡洋艦プリンツ・オイゲン

艦名
The name

　ヒッパー級重巡洋艦の3番艦はフランス生まれの政治家、プリンツ・オイゲン＝フォン＝ザヴォイエン（1663～1736）の名を艦名とされた。彼は20歳の時にフランスを離れ、オーストリア国王の臣下になった。オーストリア陸軍の軍人として高い技量を示し、30歳で元帥の地位に昇進し、その3年後には陸軍最高司令官に任じられた。18世紀の初め、彼はスペイン王位継承戦争の際にフランス軍と戦って何度も見事な勝利を収め、その10年後、1716年にはトルコ軍に対するペトロヴァラディンの戦いでハプスブルク王家に大勝利をもたらし、翌年にもトルコ軍を撃ち破ってベオグラードを占領した。

　彼は疑いの余地なく最も偉大な軍人兼政治家であり、その後の時代の幾人かの偉大な歴史的人物――ヒットラーお好みのフレデリック大王も含めて――にインスピレーションを与えた。

盾形紋章
Armorial crest

　この艦はプリンツ・オイゲン＝フォン＝ザヴォイエンの紋章を引き継いだ。この紋章は盾形を4つに区切った伝統的なパターンだが、極めて複雑なデザインだった。左上の四分の区画は、これ自体が4つに区切られ、その左上部分は白地の上に緑の十字が置かれ、十字で区切られた4つの白地各々に小さい緑の十字が置かれている。右上の部分は

艦尾の側からみたプリンツ・オイゲン。ゴーテンハーフェンから出港していく姿である。舷側下部の消磁コイルのすぐ上に取りつけられたスクリュー防護材に注目したい。艦が係留される時、岸壁に強い勢いでぶつかるとスクリューが損傷する恐れがあるので、これを防ぐために防護材が取りつけられた。

ブルーと白の縞模様の地に左向きの赤いライオン・ランパント*が飾られ、右下の部分は白地であり、ここには冠をいただいた左向きの赤いライオン・ランパントが飾られていた。左下の部分は黄色の地であり、ここにも赤いライオン・ランパントが飾られていたが、これは右向きだった。左下の四分区画は縦に2分割され、左半分は白の地に黒の模様、右半分は黒い地であり、白地の部分には左向きで冠つきの黒いライオン・ランパント、黒地の部分には同じく左向きで冠つきの白いライオン・ランパントが飾られていた。右下の四分区画も縦に2分割され、左半分はブルーと黄色の賽の目模様、右半分は白の地で、上部に赤いバーが水平に延びていた。右上の四分区画は白地に赤い模様が拡がり、その左側の部分は赤いカーブした襞になっていて、そこに白い馬のランパントが飾られ、右側の部分は黒と黄色の横縞模様の襞の上に連続したイチハツ模様(フルール・ド・リス)が拡がっていた。盾形の中心には小さい盾が取りつけられていた。これは左右に二分され、左半分には赤い地の上に白い十字が飾られていた。右半分はブルーの地の周囲が赤で縁どりされ、斜めの赤いバーで上下に区切られ、上の部分には小さな白いイチハツの花が2つ、下の部分には大きな白いイチハツの花がひとつ取りつけられていた。プリンツ・オイゲンの盾形紋章はドイツの軍艦の紋章の中で最も複雑なものだったことは確かである。

　*訳注：ライオン・ランパント。ランパントは、後ろ脚の片脚立ちになり、敵に襲いかかる姿勢を取ったライオンを側面から見た図柄。代表的な紋章の図形。左向きが多い。他の動物、例えば馬の図柄もある。

■プリンツ・オイゲンの要目
全長　　　　207.7m
全幅　　　　21.9m
吃水　　　　7.95m
最大排水量　　　　19,042トン
主砲　　　20.3cm砲8門（連装砲塔4基）

副砲	10.5cm砲12門（連装砲塔6基）
高角砲	3.7cm機関砲12門（連装砲座6基）
	2cm機関砲8門（単装砲座）
魚雷	53.3cm魚雷発射管12基（三連装装架4基）
艦載機	アラドAr196水上偵察機3機
乗組員	士官50名、下士官兵1,500名

艦長

ヘルムート・ブリンクマン大佐　1940年8月〜1942年8月

ヴィルヘルム・ベック大佐　1942年8月〜1942年10月

ハンス＝エーリヒ・フォス大佐　1942年10月〜1943年2月

ヴェルナー・エールハルト大佐　1943年3月〜1944年1月

ハンスユルゲン・ライニッケ大佐　1944年1月〜1945年5月

全般的な構造のデータ
General construction data

　プリンツ・オイゲンは部分的に装甲を張ったメインデッキで防護されていた。装甲の厚さは12mmから25mmである。その一段下の装甲甲板には約30mmの厚さの装甲が張られていた。船体の主防護ベルト——通称"ツィタデレ"（城塞）——の側面装甲は厚さ80mmであり、艦首に向かって40mm、艦尾に向かって70mmまで厚さが薄くなっていた。主砲砲塔の装甲壁は厚さ70mm、前面の装甲は160mm、後面の装甲は"アントーン"と"ドーラ"が90mm、"ブルーノ"と"ツェーザル"が60mmだった。プリンツ・オイゲンと他の姉妹艦との間の主な相違点は、キールと対魚雷防護バルジの形だった。

改造
Modifications

　進水した当時、プリンツ・オイゲンの艦首は垂直に切り立った型であり、艦首錨は左舷に2基、右舷に1基であって、舷側上部の錨鎖孔に下げられていた。この時期には煙突のキャップはなかった。正式に海軍に就役する前に、艦首は垂直型からクリッパー型に改造され、煙突には斜め後方に切れ下がったキャップが取りつけられた。錨

プリンツ・オイゲンの艦橋区画を見下ろした写真。これは覆いなしの主艦橋であり、もっと高い位置にある外郭構造内の提督艦橋ではない。画面の下側の円筒形は測距儀光学装置の外装構造である。

右舷に砲を向けたプリンツ・オイゲンの後部主砲塔2基。艦尾側から撮影された写真である。砲煙は主砲のものとしては小さ過ぎるので、"ツェーザル"、"ドーラ"両砲塔の主砲の間に見える10.5cm高角砲の砲煙だと思われる。

の数と配置も変更され、他の姉妹艦と同様に左右両舷に1基ずつとなり、艦首近くの舷側の上縁に設けられた錨留め切り欠きに留められるようになった。プリンツ・オイゲンでは舷側の下の段の舷窓の列沿い、低い位置に取りつけられた消磁コイルが目立っていた。

進水した時、プリンツ・オイゲンは艦首の両側に1枚ずつ盾形紋章が飾られ、垂直型艦首だった時のアトミラール・ヒッパーが艦首正面に盾形紋章を飾っていたのと対照だった。しかし、就役後、実戦部隊に編入される前に、2枚の盾形紋章は艦尾の鷲の飾りと共に取り外された。

動力
Powerplant

プリンツ・オイゲンはゲルマニアヴェルフト社製の蒸気タービン・エンジン3基によって推進された。エンジン1基は艦の中心線上、他の2基は左舷と右舷に配置されていた。最も後方に配置された中央エンジンの位置は後部射撃指揮所の下のあたりであり、右舷と左舷のエンジンの位置はメインマストの下のあたりだった。3本のスクリュー・シャフトには各々、直径4m、羽根3枚のスクリューが取りつけられていた。舵は1枚であり、中心線スクリューの後方に配置され、電力によって操作される機構だった。

プリンツ・オイゲンには合計12基のラモン型ボイラーが装備されていた。3つのボイラー室は各々、左側と右側にボイラー2基ずつが装備され、艦内での位置は中央機関室の前部隔壁の前から、前部射撃指揮所の後端の下の線までにわたっていた。ボイラーは作動圧85気圧の蒸気を供給することができた。

蒸気タービン機関以外に、プリンツ・オイゲンには150kWディーゼル発電機4基、460kWターボ発電機4基、230kWタービン発電機1基が装備されていた。かなり大きな電力必要量に対応するためである。この艦の発電能力は同型の1号艦、2号艦よりもわずかに低い程度だった。

レーダー
Radar

プリンツ・オイゲンにはFuMO 27レーダー装置が装備され、この装置の2m×4mのマットレス型アンテナが、前檣楼頂部の測距儀の外装構造の上と、後部射撃指揮所の測距儀の上とに取りつけられていた。"チャンネル・ダッシュ"(海峡突破)作戦に参加して本国に帰還した後、1942年9月に前檣楼のレーダー装置にはFuMO 26とその装置の2m×4mアンテナが加わって拡大され、その下には1944年半ばにFuMB 4 "サモス"受動レーダー波探知装置の"ティモール"アンテナが追加装備された。FuMB 4装置はメインマス

トにも装備された。FuMB 1とFuMB 10 "ボルクム" は前檣楼頂部のフェンスに取りつけられ、FuMB 9 "ツィペルン" は前檣楼頂部自体に装備されていた。FuMB 26 "トゥーニス" 受信装置の装備位置は前檣楼レーダーの外装構造の上だった。

大戦の最終期に、プリンツ・オイゲンの前檣楼にはFuMO 26装置の3m×6mもの大きなマットレス型アンテナが装備されていた。それに加えて、フォーマストには最新型の波長6cm偵察レーダー、FuMO 81 "ベルリン" が、そしてメインマストのプラットフォームにはFuMO 25アンテナが装備されていた。レーダーに関する限り、プリンツ・オイゲンが最も高度な装置が集められた艦の1隻だったことは確かである。

塗装とカムフラージュ
Colour schemes and camouflage

竣工した時のプリンツ・オイゲンは、ドイツ海軍艦艇の初期の標準塗色、薄いグレーに塗装されていた。1941年の初め、バルト海で演習を重ねている時、戦艦ビスマルクも含めて、この海域で行動していた他の艦艇と同じ破断的なカムフラージュが施された。艦の全長が実際より短いという印象をあたえるために、艦首と艦尾は濃いグレーに塗られ、前部の暗い塗装とそれより後方の船体の薄いグレーの塗装が繋がる部分には、白い艦首波の模様が描かれていた。舷側と上部構造物の側面には黒と白の破片状の幅の広い縞が塗装された。このカムフラージュ塗装はプリンツ・オイゲンがビスマルクと共に "ラインユーブンク" 作戦に出撃する前に塗り消され、以前の薄いグレーの塗装にもどった。

1941年半ばから1942年の末にかけて、プリンツ・オイゲンは1941年初めと同じような破断的パターンのカムフラージュ塗装だったが、1943年から大戦終結までは再び艦全体、薄いグレーの塗装にもどっていた。1941年以降、この艦の砲塔の上面は赤に塗装されていた。前甲板にはナチスの旗——大きな赤いバンドの下地の上に、黒の鉤十字とその周囲の白い円形が載せられている——が塗装されていた。いずれも空中からの味方識別のためである。

建造から実戦出撃準備まで
Pre-war service

プリンツ・オイゲンは建造契約が結ばれてからちょうど6カ月後、1936年4月23日にキー

艦橋から眺め下ろしたプリンツ・オイゲンの艦首と前甲板。"海峡突破作戦" の際の場面である。前甲板と "ブルーノ" 砲塔の上面とに追加装備された2cm機関砲四連装砲架に注目されたい。

ルのクルップ＝ゲルマニア社造船所で起工された。基本的な船体と上部構造物の建造には28カ月を要し、1938年8月22日に進水した。竣工の少し前、プリンツ・オイゲンは英国空軍のキール爆撃の際に被弾したが、重大な損傷には至らなかった。進水の日からほぼ2年後、1940年8月1日にこの艦は正式にドイツ海軍に就役した。

その後、1940年いっぱいはバルト海での試験航走が行われた。1941年の最初の数週間、射撃訓練を行った後、最後の仕上げと改造を受けるために乾ドックに入った。4月に入ってプリンツ・オイゲンはバルト海にもどり、戦艦ビスマルクとの協同した作戦行動の訓練を始めた。この重巡はビスマルクが大西洋での通商破壊戦に出撃する時の随伴艦に選ばれていたのである。しかし、護衛と共にキーラーフェルデに向かったこの重巡は、4月23日に再び不運に見舞われた。この水域に英国空軍機が敷設していた機雷の1基が、航行中のこの艦の艦首の左側、数メートル先で爆発したのである。その結果、燃料タンク1基の亀裂、複雑な電気装置と1本のスクリュー・シャフトのカプリングの破損を始め、かなり大きな損傷を受けた。もちろん、計画されていたビスマルクと同行する作戦は延期され、プリンツ・オイゲンの修理が至急開始された。5月11日、プリンツ・オイゲンはやっと作戦行動可能状態にもどり、ゴーテンハーフェンに移動して、そこで運命的な作戦への最終的な準備に入った。

大戦中の作戦行動
Wartime service

プリンツ・オイゲンは1941年5月18日、ゴーテンハーフェンを出港し、翌日、アルコナ岬の沖でビスマルクと会同して、戦隊は空軍の強力な援護の下で数隻の護衛と共に西へ向かった。戦隊は連合軍側に察知されずに北海に出ることを望んでいたが、20日にカテガット海峡を通過した時に中立国、スウェーデンの巡洋艦に遭遇した。この艦が発信した電報を傍受した英軍は戦隊の行動を知り、それ以降、戦隊の追跡に努力して、21日にベルゲンに近いコルスフィヨルドで給油中の戦隊を英軍機が発見した。

翌日、護衛の駆逐艦に引き揚げを命じ、大型艦2隻は濃い霧にある程度隠れて西へ進んでいった。その翌日の夕刻までには天候が激しく悪化し、間隔が数百メートルに過ぎない

プリンツ・オイゲンの前部指揮センターの上の測距儀外周構造の屋根から撮影した"海峡突破作戦"の際の大型艦3隻の隊列。先頭は戦艦シャルンホルスト、2番艦は同グナイゼナウ。

両艦が相互に確認できない状態になった。5月23日の夕刻、2隻はアイスランドの北端の沖を通過し、南へ転針してデンマーク海峡に入った。この時点でこの戦隊は、この水域をパトロールしていた英軍の重巡、ノーフォークとサフォークのレーダーによって探知された。ビスマルクの数回の斉射の砲弾が近くに落下してきたので、英軍の重巡2隻は敵との距離を開き、レーダーで監視しながらの追跡に移った。その後、天候が激しく悪化していくなかで、英軍の重巡はビスマルクが反転して彼らに迫ってくると誤って判断し、退却した。やがて、彼らはこの判断が誤りだったと気づき、反転してドイツの戦隊追跡に戻ったが、再び敵を発見することはできなかった。

一方、英国海軍はドイツの戦隊を捕捉するために強力な戦隊をいくつもこの海域に向かわせた。最も距離が近いのは、アイスランドの南東端の沖を航行中の戦艦プリンス・オブ・ウェールズと巡洋戦艦フッドであり、ただちに会敵予想水域に急行した。

5月24日の0537時頃、ドイツの戦隊は敵艦の接近を水中聴音器によって探知した。しかし、それは少し前まで尾行してきた2隻の巡洋艦だろうと判断した。実際には、急速に接近してくるのはもっと強力なフッドとプリンス・オブ・ウェールズだったのである。

0553時、フッドは15インチ砲の射撃を開始したが、ここで致命的な誤りを犯した。独艦2隻のうち、先頭に立っていたプリンツ・オイゲンをビスマルクだと誤認して、これに砲撃を集中したのである。プリンツ・オイゲンは20.3cm砲の主砲塔4基によって応射した。最初の斉射はフッドを夾叉*し、三度目の斉射の数発は目標を直撃した。ビスマルクがフッドを狙って射撃開始すると、プリンツ・オイゲンはすぐに目標をプリンス・オブ・ウェールズに変えて射撃を続けた。ビスマルクは数度目の発射でフッドの後部主砲塔のすぐ前に直撃弾を命中させた。その数秒後、戦闘開始からちょうど8分の後、フッドの艦内で強烈な爆発が起き、船体が2つに引き裂かれた。弾薬庫が爆発して、艦の底部が破壊され、見る間に乗組員1,416名と共に沈没した。ドイツの戦隊の2隻はプリンス・オブ・ウェールズに砲火を集中し、この英艦は数発の命中弾を受けた後、戦闘水域から離脱し始めた。0609時、砲戦は終わった。16分間の激しい砲撃戦によって、英国艦隊の誇りだった艦は撃沈され、最新の戦艦は大きな損傷を受けた。

*訳注：夾叉（挟むという意味）砲撃。艦砲の斉射の時、目標に対して遠弾と近弾を発射して目標を前後に夾叉し、その落下点を見て次発の射距離を修正していき、命中射距離に近づける砲撃の技術。

ビスマルクは致命的な打撃は受けなかったが、損傷によって艦の戦力が低下した。艦首附近の被弾によって重大な浸水が発生し、その結果、艦首が下がった姿勢になり、速度が低下した。そして、損傷のために一部の燃料槽の送油が止まり、艦首附近で燃料洩れが発生した。洩れた燃料は海面に尾を曳いて、敵に発見される危険が高かった。

戦隊司令官リュトイェンス大将は、旗艦のこの損傷状況から判断して、この作戦を打ち切ってドイツ占領下のフランスの港に向かうことを決定した。そしてまったく損傷がないプリンツ・オイゲンは単独で通商破壊作戦を続けるように命じられた。5月26日、この重巡は油槽船と会合し、残量が乏しくなっていたタンクいっぱいまでに燃料補給を受けた。しかし、プリンツ・オイゲンにはいくつもの問題が発生していた。不純物混じりの燃料、機関室の機械装置の故障、蒸気洩れ、スクリュー羽根の損傷、タービンのベアリングの不具合などである。これらがすべて重なって、結局、この後の作戦続行を諦めて帰還する判断に至った。

プリンツ・オイゲンは護衛の駆逐艦と会同した後、5月31日にフランスのブレスト軍港に入港した。そして、それから8カ月間、この港に留まり、修理が続けられた。ブレスト軍港は常に連合軍の航空攻撃の危険に迫られており、7月1日から翌日にかけての夜の英

国空軍の爆撃によってプリンツ・オイゲンは損傷を受け、乗組員100名以上が死傷する人的損害も発生した。

ブレストには3月下旬以来、戦艦シャルンホルストとグナイゼナウが在泊しており、そこにプリンツ・オイゲンが加わって、大型艦3隻が並んで閉じ込められた状態になった。そして、連合軍の航空攻撃の回数は増していき、ドイツ海軍が抱える問題は大きくなっていった。レーダー元帥はこの3隻の戦隊を大西洋に出撃させようと考えていたが、ヒットラーは3隻を本国に帰還させるように命じ、レーダーの希望は潰されてしまった。そして、ヒットラーはこれら3隻が英国海峡を通って帰還せよと航行コースを指示した。これは英国海軍の鼻先のコースであり、敵の不意をつくのに成功しない限り無事に通過できる見込みはない。レーダーの反対意見に対して総統は、指示通りに海峡コースで帰還させよと重ねて命じ、海軍がそれに従わないのであれば、彼はこの3隻を退役させて砲煩兵器を陸上の砲台に転用すると言い切った。

1942年2月11日の夜半近く、ドイツの大型艦3隻は護衛の駆逐艦、水雷艇多数と共に、夜の闇に隠れて洋上に出た。戦隊は哨戒に配置されていた英軍の潜水艦に発見されず、レーダーにも探知されずに着実に北東へ航行した。夜明けと共に上空には強力な戦闘機編隊が護衛の位置についた。ル・トゥーケの沖合で英軍の偵察機に発見されたが、その時も商船の船団だと誤認された。間もなく戦隊の正体は明らかになり、不意を衝かれたと焦った英国側は、ドイツの戦隊を阻止するために大慌てで攻撃を開始した。プリンツ・オイゲンはドーヴァー附近の沿岸砲台からの砲撃を受けたが、目標近くに達する砲弾はなく、オイゲンは無事だった。続いて一群の魚雷艇が現れたが、プリンツ・オイゲンの護衛の駆逐艦に撃退された。その直後、ソードフィッシュ雷撃機6機の編隊がこの空域に接近してきた。幸いなことに、魚雷の命中はなく、雷撃機4機が撃墜され、残りの2機は撃退された。これが何波もの航空攻撃の始まりだったが、ドイツの戦隊の損害は皆無だった。1645時頃、英軍の駆逐艦数隻が発見され、プリンツ・オイゲンは主砲射撃を開始した。敵艦に数発を命中させたが、敵が扇状に散開発射する魚雷を回避するために、激しい操艦を続けなければならなかった。その後もドイツの戦隊に対して航空攻撃が重ねられたが、プリンツ・オイゲンは2月13日の朝、エルベ河河口のブルンスビュッテルに無事入港した。

1週間後、プリンツ・オイゲンはアトミラール・シェーアと共に、護衛の駆逐艦5隻を伴ってノルウェーに向かった。途中でグリムシュタットフィヨルドに短い間寄港した後、トロンヘイムに向かって出港した。ドイツの戦隊の行動を知った英軍がトロンヘイム沖合に哨戒任務のために配置した潜水艦の1隻、トライデントが2月23日、プリンツ・オイゲンを発見し、発射した魚雷1本が同艦の艦尾に命中した。艦の最後部は折れ下がり、舵が吹き飛ばされ、人員損害もあった。行動不

これも"海峡突破作戦"の際、艦首から撮影したプリンツ・オイゲンの艦橋正面。荒波の中で強く傾斜している。前甲板の2cm四連機関砲と配置についた砲員がはっきり写っている。

能に陥ったこの重巡は曳航されてローフィヨルドに入り、そこで応急修理を受けた。修理は先ず折れ下がった艦後部を切り離し、船体の断面を鉄板で塞ぎ、臨時の舵を操作するために人力作動の巻き上げ軸(キャプスタン)を後甲板に取りつけた。本国への移動には強力な海空の護衛がつき、連合軍の度々の航空攻撃を切り抜け、損傷を受けることなく5月18日にキールに到着した。

プリンツ・オイゲンは本格的な修理のために6カ月現役を離れ、10月27日にやっとドックを離れて海上にもどった。その後、2カ月にわたり、ゴーテンハーフェンを基地としてバルト海で試験運転を重ねた末、航行可能と判断され、1943年1月の初め、戦艦シャルンホルストと共にノルウェーに進出する命令を受けた。しかし、この2隻と護衛駆逐艦は出港後2日目の1月11日、スカゲラク海峡の西の出口の附近で英軍の哨戒機に発見され、奇襲行動の要素が失われた後の作戦続行は危険が高いと判断されて、帰還を命じられた。1月25日に再び同様な作戦のために出撃したが、やはり途中で中止された。

その後、プリンツ・オイゲンは艦隊訓練戦隊に編入され、9カ月にわたってバルト海で士官候補生訓練の任務についた。

10月1日、この艦は実戦部隊に復帰したが、東部戦線の戦況が悪化していく中で、地上部隊支援のための沿岸砲撃任務に当てることが意図されていた。1944年6月、プリンツ・オイゲンはドイツ軍の撤退を支援するためにフィンランド湾に派遣された。8月にはリガ湾に出撃した。沿岸から25kmのトゥクムのソ連軍陣地を砲撃し、艦載機、アラド水偵も攻撃に参加した。護衛の駆逐艦はもっと海岸に近い目標を砲撃した。この成功した作戦行動の後、プリンツ・オイゲンは9月の初めに再びフィンランド湾に出撃し、フィンランド軍の要塞があるホグランド島攻略作戦──失敗に終わった作戦だったが──の支援に当たった。9月の半ばにゴーテンハーフェンに帰還して作戦行動なしの日がしばらく続いた後、プリンツ・オイゲンはもっと重大な意義のある作戦行動に参加した。フィンランドのケミから陸軍部隊を安全なダンツィヒに撤退させる船団の護衛に当たったのである。

10月11日、プリンツ・オイゲンは再び戦闘行動を取った。包囲されたメーメル(東プロシア北部)の防御戦支援のための砲撃任務であり、主砲弾を600発以上発射した。その2日後、弾薬補給を受けた後に同じ水域にもどり、370発を発射した。この任務を終了した後、10月15日、夕暮れの霧の中、全速力でゴーテンハーフェンへの進入コースを航走していたプリンツ・オイゲンは、軽巡洋艦ライプツィヒの左舷中央部に斜め前から衝突した。ライプツィヒの船体は前後に分断されるかとみえるほどの損傷であり、重巡の艦首がしっかりと食い込んでいたため、翌日までかかってやっと両艦を分離させることができた。プリンツ・オイゲンも損傷しており、ゴーテンハーフェンで修理が大至急で進められ、ちょうど1カ月後には航行可能にもどった。

戦列復帰とほぼ同時にプリンツ・オイゲンは再び地上部隊支援のため沿岸砲撃を命じら

波の荒い海面に舳先を突っ込んでいるプリンツ・オイゲン。ドイツの大型艦の大半は、"クリッパー"型の艦首に改造されていたが、それでも前甲板に波を被りやすい"水浸し艦(ウエット・シップ)"として知られていた。

れ、11月20日、リガ湾湾口のシュヴェルベのソ連軍陣地に対して20.3cm砲弾500発以上を打ち込んだ。弾薬が尽きると、プリンツ・オイゲンはゴーテンハーフェンに帰還し、修理のためにドックに入った。特に主砲は大量の発射を重ねたため、砲身内面の旋條(ライフル)の摩耗が進んでおり、その修理が行われた。

　プリンツ・オイゲンは1945年1月の半ばに再び出撃可能な状態にもどった。この時期には東部戦線は絶望的な状況に陥っていた。1月の末、再び沿岸砲撃のために出撃したが、この時の目標はドイツ本土内に侵入したソ連軍部隊だった。この出撃ではケーニヒスベルクに近いクランツ周辺の敵の部隊に対し、20.3cm砲弾870発以上を発射したが、今やソ連軍の前進を阻むことはできず、ドイツ軍の防御部隊に対する敵の強圧を一時的に弱める効果をあげるだけだった。弾薬不足は極めて深刻であり、プリンツ・オイゲンは3月まで次の作戦に出撃することができなかった。そして、この時の砲撃目標はゴーテンハーフェン、ツォポット、ダンツィヒ、ヘラの周辺のソ連軍部隊だった。

　その後、状況の悪化はいっそう進み、プリンツ・オイゲンの行動が実際的な効果をあげる可能性はなくなった。このため、この重巡はバルト海を離れて西に向かい、4月20日にコペンハーゲンに到着した。5月7日にはドイツ海軍の艦籍から外され、5月8日に英国海軍に引き渡された。

　しかし、プリンツ・オイゲンの艦歴はそこまででは終わらなかった。1945年12月に米国に引き渡され、米国海軍の艦籍に編入され、元々の乗組員によって米国へ廻航された。米国海軍はこの艦を調査して、必要なことをすべて把握し、その後は彼らにとって不要になったプリンツ・オイゲンはマーシャル群島のビキニ環礁に曳航されていき、旧式で使い途のない数隻の米国艦と並んで錨を下ろした。米国のテスト計画の下で、この環礁で7月1日に原爆実験が行われた。プリンツ・オイゲンはこの日と7月25日の2回目の原爆爆発に堪えたが、放射能汚染が激しいため、修理や再使用の意図は放棄された。クウェジェリン環礁に移されて碇泊していたが、浸水が発生し、1946年12月22日に横転して沈没した。

SCHWERE KREUZER SEYDLITZ

重巡洋艦ザイドリッツ

　ヒッパー級重巡洋艦の4号艦の艦名は、功績の高いプロシアの将軍、フリートリヒ・ヴィルヘルム・フォン＝ザイドリッツ（1721～1773）の名を取ったものである。7年戦争（1756～1763）の際、大佐の階級で騎兵大隊を指揮していた彼は、数回にわたり強力な敵の部隊に対して、歩兵による支援を受けずに華々しい勝利を収めた。彼はその後、騎兵査察総監の職に任じられ、1767年に騎兵大将に昇進した。

　ザイドリッツは建造契約が結ばれてから5カ月後、1936年12月29日にブレーメンのデシマグ社船所で起工された。基本的な船体と上部構造物の建造には2年をわずかに越える期間を要し、1939年1月19日に進水した。しかし、この艦はドイツ海軍に就役することなく終わった。1942年6月、途中まで建造されたこの艦を航空母艦に転換することが決定されたためである。この時には2つの主砲砲塔、"ブルーノ"と"ツェーザル"は装備済みの状態だったが、後に撤去された。船体はケーニヒスベルクに移され、航空母艦として完成するための工事が始められた。しかし、作業は遅いペースで進められ、1943

年1月までは継続されたが、ここで最終的に中止された。未完成状態のままのザイドリッツは、ソ連軍がケーニヒスベルクに接近してきたため、1945年1月に自沈処分された。

SCHWERE KREUZER LÜTZOW

重巡洋艦リュッツォウ

　ヒッパー級重巡洋艦の最終となる5号艦はアードルフ・フライヘア=フォン=リュッツォウ（1782～1843）の名を艦名とされた。彼は13歳の若さで軍隊に入り、1806年のアウェルシュタットの戦いの時には少尉に任官していた。ナポレオンに抵抗する戦いの主要な人物のひとりであり、1813年にはフランス軍と戦う義勇兵募集の任務をあたえられた。彼はこの任務でかなり高い成果をあげ、最終的に兵力3,500名の歩兵、騎乗兵、砲兵混成の部隊を率いて戦線に出た。しかし、彼の部隊はフランス軍とのゲリラ戦で大きな損害を受け、結局解隊せねばならなかった。その後、リュッツォウは中佐の階級で騎兵連隊長に任じられ、1822年には少将に昇進し、1830年にプロシア陸軍から退役した。

　リュッツォウ建造の契約はザイドリッツと同じ時期に結ばれたが、起工はやや遅れて1937年8月2日だった。基本的な船体と上部構造物の建造には2年近くかかり、1939年7月1日に進水した。ザイドリッツと同様に、この艦も完成まで進まなかった。建造途中の状態で、1940年4月、ソ連に売却されたのである。武装は"アントーン"砲塔が取りつけられただけであり、上部構造自体も煙突を始め主要な部分が欠けた状態だった。ソ連はこの艦をレニングラードに曳航していき、そこでソ連海軍に編入して、ペトロハヴァロフスクという新しい艦名をつけた。その後、ポケット戦艦ドイッチュラントの艦名を変更することが必要だと考えられた時に、リュッツォウという艦名が転用された。

　1941年6月、バルバロッサ作戦が開始された時、この重巡はまだ完成に至っておらず、装備済みの前部主砲塔が2基に増えただけだった。9月にはドイツ軍の砲撃によって損傷を受け、1942年4月にはドイツ空軍の爆撃によって甚大な損害を被り、このため船体が沈下して浅い深度で着底した。9月には浮き砲台に転用するために浮揚作業が行われ、レニングラード戦線のソ連軍にとって是非とも必要な支援砲撃に当たった。後に艦名がタリンと改められたこの艦は、大戦の終結まで生き残り、一時、宿泊施設として使用され、1960年に解体処分された。

参考文献
BIBLIOGRAPHY

Breyer, Siegfried, and Koop, Gerhard, *The German Navy at War, Vol 1*, Schiffer Publishing, West Chester, 1989
Gröner, Erich, *Die deutschen Kriegsschiffe 1815-1945*, Bernard & Graefe Munich, 1982
Koop, Gerhard, and Schmolke, Klaus-Peter, *Heavy Cruisers of the Admiral Hipper Class*, Greenhill Books, London, 2001
Whitley, Michael, *German Cruisers of World War 2*, London, 1985

カラー・イラスト解説 color plate commentary

A：アドミラール・ヒッパー

1　竣工した時の状態のアドミラール・ヒッパーの側面図。艦首は元々の設計の垂直型であり、その正面には盾形紋章が飾られている（これは早い時期に艦首の左右両舷に移された）。艦尾にはブロンズの大きな鷲の紋章が飾られている。斜め後方に切れ下がった煙突のキャップはこの型の重巡の大きな特徴だが、この時期にはまだ取りつけられていない。しかし、錨の配置場所はすでに前甲板の縁の錨留め切り欠きに変わっている。艦全体にわたって薄いグレーの塗装であり、平時の軍艦に期待されている通り、まったく汚れのない状態である。

2　竣工した当時の状態の艦首。垂直型の艦首稜線の上部にはこの艦の盾形紋章が飾られている。

3　改造後の"クリッパー"型の艦首。前方と左右に目立った反りがある。前甲板には空中からの味方識別のために鉤十字が描かれている。

4　改造後の前檣楼。艦橋にはガラス窓がついた外周覆いが取りつけられ、頂部の射撃指揮所の外装構造の上にFuMOレーダーが装備されている。

5　改造前の前檣楼。艦橋とその上の探照灯プラットフォームは覆いがなく、吹き曝しである。後者の装備は後に、探照灯から高角機関砲砲座に換装された（図4参照）。

6　右側、斜め前から見下ろした艦の中央部。竣工当時の状態であり、特徴的な煙突キャップはまだ装着されていない。

B：戦闘中のアドミラール・ヒッパー

　大戦の後期、アドミラール・ヒッパーが戦闘している場面である。斜め後方から見下ろしたこのイラストには、艦後部の上部構造物――後部射撃指揮所、独特な半球型カバーを頂部に置いた2本の高角砲射撃指揮塔など――がはっきりと描かれている。"ツェーザル"砲塔の上面には3.7cm単装機関砲が装備されている。

　メインマスト基部のプラットフォームには探照灯2基が装備され、マストの高い位置にはレーダー・アンテナが装備されている。

　アドミラール・ヒッパーはドイツの大型艦の中で大きな戦果をあげた艦の1隻である。1941年2月の大西洋出撃では7隻から14隻の商船を撃沈し（資料によって数字

大戦の後期のプリンツ・オイゲン。バルト海の軍港、ゴーテンハーフェンで撮影された写真である。塗装は大戦初期のグレーと比べてずいぶん濃いグレーに変わっている。

が違っている。大半は2月12日の船団攻撃の成果)、同型の重巡2隻に戦果の上で大きな差をつけた。

C：ブリュッヒャー

1　竣工後、ドイツ海軍の艦籍に入ったばかりの時期のブリュッヒャーの側面図。艦首はまだ垂直型のまま。この図の時期には基本的な測距儀が装備されているだけであり、レーダー装備はまだなく、煙突にはまだキャップが装着されていない。塗装は全体にわたって薄いグレーである。

2　竣工後、早い時期のブリュッヒャーでは、錨は前甲板舷側の鎖錨孔に取りつけられており、左舷に2基、右舷に1基配置されていた。

3　ブリュッヒャーの艦首は後に、傾斜の強い"クリッパー"型に改造された。その少し前に錨の配置が変わり、数は両舷に1基ずつとされ、引き揚げられた時は前甲板の縁の切り欠きに留められるように変わった。舳先にも錨1基が配置されている。

4　艦尾の錨は左舷だけに配置され、舷側に設けられた錨の形の凹みに収納されるようになっていた。

5　この画にはこのクラスの艦の改造後の特徴のひとつとなった煙突キャップが描かれている。ブリュッヒャーの場合は竣工後、間もなくこれが装着された。

D：プリンツ・オイゲンの解剖図

アトミラール・ヒッパー級重巡洋艦の基本的なレイアウトはかなり伝統的なものだった。8門の主砲は連装砲塔4基に装備され、2基ずつ前方向きと後方向きに配置された。戦艦やポケット戦艦とは違って、小口径の副砲は装備されなかったが、これはどの国の巡洋艦でも共通のことだった。10.5cm重高角砲は空中目標との戦闘と同時に、水上、地上目標に対しても威力を発揮する兵器であり、副砲も同様だった。

全長205.9mの船体（プリンツ・オイゲンは212.5m）は14の区画に分けられていた。船体は二重底構造であり、建造の工法は溶接だった。艦の主要な部分では上甲板の下に砲郭甲板、装甲甲板と呼ばれる2段の甲板がある。その下はタービン室とボイラー室の区画である。

陸軍の山岳兵部隊のノルウェーへの船旅は終わった。小型艇に乗り移って海岸に向かう兵士たちが、ここまで彼らを輸送したアトミラール・ヒッパーを眺めている。

竣工当時のアトミラール・ヒッパーの美しい姿。注目すべき点は垂直型の艦首。その正面に飾られた盾形紋章、キャップなしの煙突、吹き曝しの艦橋（後に外郭が取りつけられた）である。前檣楼頂部の測距儀の上にはまだレーダー装備はない。しかし、錨の配置は竣工時の舷側上部の錨鎖孔（アンカーホーズ）から、すでに前甲板の縁の錨留め切り欠き（アンカークルーズ）に変わっている。

ブリュッヒャーが進水台を滑り下りていく。舳先が垂直型であり、その正面には盾形紋章が飾られている。錨は元々の設計のパターン通り、左側の舷側の2つの錨鎖孔から下げられている。

　煙突は1本であり、艦の中央部、ボイラー室区画の真上の位置に置かれていた。プリンツ・オイゲンには6つのボイラー室があり、各々にボイラー4基が装備され、各々のボイラーからガスを送る太いパイプが延び、何本もが合流して煙突に排煙を送り出していた。ボイラー室区画の前方には前部発電機があり、ここにはディーゼル駆動とタービン駆動の発電機が装備されていた。ボイラー室区画のすぐ後方にはタービン室があり、そこにはゲルマニアヴェルフト社製のタービン2基が装備され、3本のスクリューシャフトのうちの外側の2本を駆動した。この大きな区画の後方には中部発電室があり、ここにもディーゼル駆動とタービン駆動の発電機が装備されていた。ここから後方に進むともうひとつのタービン室があり、ここにも装備されているゲルマニアヴェルフト社製タービンによって中央のスクリュー・シャフトが駆動された。そして、その後方に3番目の発電室があり、同じくディーゼル駆動とタービン駆動の発電機が装備されていた。

　艦の主上部構造物より前と後ろの部分と砲塔シャフトの周辺の部分の低い層の甲板には、20.3cm砲の弾薬庫が配置されていた。
　重巡洋艦にはいつでも1,400～1,600名が乗り組んでいた。したがって、誰もが想像するように、艦のかなり大きな部分が乗組員の居住区に当てられていた。乗組員は10個分隊に編成され、第1～4分隊は兵科乗組員、第5～7分隊は機関科要員、第8分隊は砲術科要員、第9分隊は通信・信号要員、第10分隊は一般管理業務要員が配属されていた。
　他のいくつかのクラスの大型艦のデザインにも共通していることだが、ヒッパー級の前部指揮センターは特徴的な"塔型"マスト も含めた上部構造物の前部に配置されていた。この点でヒッパー級の重巡3隻はシャルンホルスト級、そして特にビスマルク級の戦艦と外観がよく似ていた。実際に連合軍の偵察機が、この型の重巡をもっと大型の従兄たちと誤認して報告した例が何度もあった。測距儀の装備位置もヒッパー級重巡と戦艦の2つの

"バルト海"型カムフラージュ塗装のプリンツ・オイゲン。1941年5月にビスマルクと共に運命的な北大西洋作戦行動に出撃する前まで、この塗装が続いた。艦首に近い部分は濃いグレーの塗色、そのすぐ後方の吃水線近くには白い偽の艦首波が描かれ、艦の中部には破断的カムフラージュの角張った白と黒の縞が塗装され、このパターンは前部主砲塔にも拡がっている。

クラスとの共通点だった。測距儀は前檣楼の頂部と前部指揮センターの上に装備されていた。煙突の後方には艦載機格納庫があり、その後方には後部指揮センターがあって、その上に測距儀が装備されていた。いくつもの似た点があるため、ヒッパー級重巡はビスマルク級戦艦の小型版のように見えた。艦種が異なりサイズの差がありながら、これだけ似ている2つの型の艦を持っている例は、他の国の海軍にはまったくみられなかった。

もうひとつ、双方に共通なデザインの特徴は、半球型の外郭構造を持つ高角砲射撃指揮装置が、双方とも前檣楼とメインマストの両側に1基ずつ配置されていた点である。これらの装置からデータが甲板より下の指揮ポストに送られ、そこで解析されたデータと射撃命令が砲塔に送られる機構になっていた。

ヒッパー級の重巡には技術レベルが高い水中聴音装置（ウンターヴァッサーホルヒゲレート）が装備されていた。事実、ビスマルクと共に北大西洋でフッド、プリンス・オブ・ウェールズ両艦と交戦した時、最初に敵艦の接近を探知したのはプリンツ・オイゲンの水中聴音器だった。この装置を収納した小さいバルジは艦首の底部に取りつけられていた。

このイラストに描かれたプリンツ・オイゲンのレーダー装置は姉妹艦2隻や他の有力なドイツ艦の大半より大規模であり、この艦がこの分野で最高レベルに進んでいたことを示している。

E：プリンツ・オイゲン

1　プリンツ・オイゲンの側面図。クリッパー型の艦首と斜めに切れ下がった煙突キャップが特徴的である。高角機関砲が目立って増強されている点に注目されたい。"ブルーノ"砲塔と"ツェーザル"砲塔の上面や、前甲板と後甲板に装備されている。

2　プリンツ・オイゲンの平面図。この艦の基本的なレイアウトは姉妹艦であるアトミラール・ヒッパー、ブリュッヒャーと同じだが、甲板に点々と多数の単装軽高角機関砲が追加装備されており、その状態がこの平面図に示されている。前甲板には自軍の航空機からの味方艦識別のために鉤十字旗が描かれているが、これはその後に塗り消された。ドイツ空軍機が滅多に洋上に姿を見せなくなると、この旗は自艦の国籍を連合軍機にわざわざ知らせるだけのものになったからである。

3　プリンツ・オイゲンの前檣楼。大戦の後期、FuMOレーダー・アンテナが大きく拡がっている状態に注目され

たい。艦橋の上のプラットフォームの探照灯は取り外され、代わりに4cm単装高角機関砲が装備されている。強い角度で後方に切れ下がっている煙突キャップにも注目されたい。

4 プリンツ・オイゲンの"ブルーノ"砲塔。この砲塔の上面と、前部2基の主砲塔の間の甲板左右の舷側近くに、4cm単装高角機関砲が各1門追加装備されている。

F：戦闘中のプリンツ・オイゲン

1945年、バルト海水域で沿岸砲撃任務に当たっているプリンツ・オイゲン。このイラストには斜め前からみたこのクラスの重巡の重厚な艦容が見事に描かれている。プリンツ・オイゲンに命じられたこの行動は、支援砲撃によって沿岸地域でのソ連軍地上部隊の前進を遅滞させようとする空しい試みだった。大型艦による沿岸砲撃の効果を過小評価してはならない。ドイツ軍自身、連合軍のノルマンディ上陸作戦の際にこれによって大きな損害を被り、艦砲射撃の心理的効果と物理的破壊力の両方を承知していた。1945年1月のケーニヒスベルク沖での作戦行動では、プリンツ・オイゲンは3日間で20.3cm砲弾870発以上をソ連軍の陣地に打ち込んだ。これ以外に、アトミラール・ヒッパーも含む大型艦による同様な沿岸砲撃作戦も行われ、いずれも大量の重砲弾が発射されたが、その効果は敵の前進を遅らせ、包囲されていた味方部隊にかけられている強圧を一時的に緩める程度に過ぎなかった。

G：大戦後期のカムフラージュ塗装

1 この図は1944年半ば以降のアトミラール・ヒッパーの塗装を示している。艦全体の基本的な薄いグレーの塗装の上に、濃いグレーの直線輪郭の破断的な迷彩パターンが塗り加えられている。この艦も同じ時期のプリンツ・オイゲンと同様に、FuMOレーダー装置が増備され、対空武装が強化されている。

2 米国軍艦プリンツ・オイゲン。1946年7月のビキニ環礁で原爆実験の実験艦として使用される直前の時期の姿である。大戦終結後、元々の乗組員によって米国に廻航され、ドイツ海軍での艦名のまま米国海軍艦籍に編入された。塗装は初期と同様に全体が薄いグレーになり、長期にわたり激しく使用された艦としては比較的良好な状態である。原爆実験の前に、この図に描かれているように、"アントーン"砲塔から主砲が取り外され、左舷の側の前の方の高角砲射撃指揮用測距儀のドームも撤去されていたが、それ以外の構造物や装備は以前のまま残されている。プリンツ・オイゲンは二度の原爆実験で行きのこったが、放射能汚染が激しかったため、その後に別の用途に当てる計画は放棄された。

3 プリンツ・オイゲンは1942年2月、英軍の潜水艦トライデントの雷撃によって大きな損傷を受けた。この興味深いイラストはその損傷の応急修理を受けた後の同艦の姿である。曲がり折れ下がっていた艦尾と舵はきれいに切り取られ、その切り口は鋼板で塞がれた。その結果、艦の全長は短くなり、艦尾は垂直に切り落とした形になった。後甲板に巻き上げ軸（キャブスタン）が取りつけられ、それを人力で回して臨時の舵が操作された。

プリンツ・オイゲンの烹炊（ほうすい）所。担当水兵がスープかシチューを大鍋で煮込んでいる。

◎訳者紹介 | 手島 尚（てしま たかし）

1934年沖縄県南大東島生まれ。1957年、慶應義塾大学経済学部卒業後、日本航空に入社。1994年に退職。1960年代から航空関係の記事を執筆し、翻訳も手がける。訳書に『ドイツ空軍戦記』『最後のドイツ空軍』『西部戦線の独空軍』（以上朝日ソノラマ刊）、『ボーイング747を創った男たち』（講談社刊）、『クリムゾンスカイ』（光人社刊）、『ユンカース Ju87 シュトゥーカ 1937-1941 急降下爆撃航空団の戦歴』『第2戦闘航空団リヒトホーフェン』（小社刊）などがある。

オスプレイ・ミリタリー・シリーズ
世界の軍艦イラストレイテッド　4

ドイツ海軍の重巡洋艦
1939-1945

発行日	2006年5月11日　初版第1刷
著者	ゴードン・ウィリアムソン
訳者	手島 尚
発行者	小川光二
発行所	株式会社大日本絵画 〒101-0054　東京都千代田区神田錦町1丁目7番地 電話：03-3294-7861 http://www.kaiga.co.jp
編集	株式会社アートボックス http://www.modelkasten.com/
装幀・デザイン	八木八重子
印刷／製本	大日本印刷株式会社

©2003 Osprey Publishing Limited
Printed in Japan
ISBN4-499-22909-X C0076

German Heavy Cruisers 1939-1945
Gordon Williamson
First Published In Great Britain in 2003,
by Osprey Publishing Ltd, Elms Court,
Chapel Way, Botley Oxford, OX2 9LP.
All Rights Reserved.
Japanese language translation
©2006 Dainippon Kaiga Co., Ltd